U0237516

中国国家公园丛书

FANGZHOU

方舟
-大熊猫-

白忠德　著

中国林业出版社
China Forestry Publishing House

出版人

刘东黎

策划

纪亮

编辑

何增明　孙瑶　盛春玲

张衍辉　袁理

总序

一

　　我国于2013年提出"建立国家公园体制"，并于2015年开始设立了三江源、东北虎豹、大熊猫、祁连山、海南热带雨林、武夷山、神农架、香格里拉普达措、钱江源、南山10处国家公园体制试点，涉及青海、吉林、黑龙江、四川、陕西、甘肃、湖北、福建、浙江、湖南、云南、海南12个省，总面积超过22万平方公里。2021年我国将正式设立一批国家公园，中国的国家公园建设事业从此全面浮出历史地表。

　　国家公园不同于一般意义上的自然保护区，更不是一般的旅游景区，其设立的初心，是要保护自然生态系统的原真性和完整性，同时为与其环境和文化相和谐的精神、科学、教育和游憩活动提供基本依托。作为原初宏大宁静的自然空间，它被国家所"编排和设定"，也只有国家才能对如此大尺度甚至跨行政区的空间进行有效规划与管理。1872年，美国建立了世界上第一个国家公园——黄石国家公园。经过一个多世纪的发展，国家公园独特的组织建制和丰富的科学内涵，被世界高度认可。而自然与文化的结合，也成为国家公园建设与可持续发展的关键。

　　在自然保护方面，国家公园以保护具有国家代表性的自然生态系统为目标，是自然生态系统最重要、自然景观最独特、自然遗产最精华、生物多样性最富集的部分，保护范围大，生态过程完整，具有全球价值、国家象征，国民认同度高。

　　与此同时，国家公园也在文化、教育、生态学、美学和科研领域凸显杰出的价值。

　　在文化的意义上，国家公园与一般性风景保护区、营利性公园有着重大的区别，它是民族优秀文化的弘扬之地，是国家主流价值观的呈现之所，也体现着特有的文化功能。举例而言，英国的高地沼泽景观、日本国立公园保留的古寺庙、澳大利亚保护的作为淘金浪潮遗迹的矿坑国家公园等，很多最初都是传统的自然景观保护区，或是重点物种保护区以及科学生态区，后来因为文化认同、文化景观意义的加深，衍生出游憩、教育、文化等多种功能。

英国1949年颁布《国家公园和乡村土地使用法案》，将具有代表性风景或动植物群落的地区划分为国家公园时，曾有这样的认识："几百年来，英国乡村为我们揭示了天堂可能有的样子……英格兰的乡村不但是地区的珍宝之一，也是我们国家身份的重要组成。"国家公园就像天然的博物馆，展示出最富魅力的英国自然景观和人文特色。在新大陆上，美国和加拿大的国家公园，其文化意义更不待言，在摆脱对欧洲文化之依附、克服立国根基粗劣自卑这一方面，几乎起到了决定性的力量。从某种程度上来说，当地对国家公园的文化需求，甚至超过环境需求——寻求独特的民族身份，是隐含在景观保护后面最原始的推动力。

再者，诸如保护土著文化、支持环境教育与娱乐、保护相关地域重要景观等方面，国家公园都当仁不让地成为自然和文化兼容的科研、教育、娱乐、保护的综合基地。在不算太长的发展历程中，国家公园寻求着适合本国发展的途径和模式，但无论是自然景观为主还是人文景观为主的国家公园均有这样的共同点：唯有自然与文化紧密结合，才能可持续发展。

具体到中国的国家公园体制建设，同样是我国自然与文化遗产资源管理模式的重大改革，事关中国的生态文明建设大局。尽管中国的国家公园起步不久，但相关的文学书写、文化研究、科普出版，也应该同时起步。本丛书是《自然书馆》大系之第一种，作为一个关于中国国家公园的新概念读本，以10个国家公园体制试点为基点，努力挖掘、梳理具有典型性和代表性的相关区域的自然与文化。12位作者用丰富的历史资料、清晰珍贵的图像、深入的思考与探查、各具特点的叙述方式，向读者生动展现了10个中国国家公园的根脉、深境与未来。

<h1 style="text-align:center">二</h1>

地理学家段义孚曾敏锐地指出，从本源的意义上来讲，风景或环境的内在，本就是文化的建构。因为风景与环境呈现出人与自然（地理）关系的种种形态，即使再荒远的野地，也是人性深处的映射，沙漠、雨林，甚至天空、狂风暴雨，无不在显示、映现、投射着人的活动和欲望，人的思想与社会关系。比如，人类本性之中，也有"孤独和蔓生的荒野"；人们也经常会用"幽林""苦寒""崇山""惊雷""幽冥未知"之类结合情感暗示的词汇来描绘自然。

因此，国家公园不仅是"荒野"，也不仅是自然荒野的庇护者，而是一种"赋予了意义的自然"。它的背后，是一种较之自然荒野更宽广、更深沉、更能够回应某些人性深层需求的情感。很多国家公园所处区域的地方性知识体系，也正是基于对自然的理性和深厚情感而生成的，是良性本土文化、民间认知的重要载体。我们据此确立了本丛书的编写原则，那就是："一个国家公园微观的自然、历史、人文空间，以及对此空间个性化的文学建构与思想感知。"也是在这个意义上，我们鼓励作者的自主方向、个性化发挥，尊重创新特性和创作规律，不求面面俱到和过于刻意规范。

约翰·赖特早在20世纪初期就曾说过，对地缘的认知常常伴随着主体想象的编织，地理的表征受到主体偏好与选择的影响，从而呈现着书写者主观的丰富幻想，即以自然文学的特性而论，那就是既有相应的高度、胸怀和宏大视野，又要目光向下，西方博物领域的专家学者，笔下也多是动物、植物、农民、牧民、土地、生灵等，是经由探查和吟咏而生成的自然观览文本。

所以，在写作文风上，鉴于国家公园与以往的自然保护区等模式不同，我们倡导一种与此相应的、田野笔记加博物学的研究方式和书写方式，观察、研究与思考国家公园里的野生动物、珍稀植物，在国家公园区域内发生的现实与历史的事件，以及具有地理学、考古学、历史学、民族学、人类学和其他学术价值的一切。

我们在集体讨论中，也明确了应当采取行走笔记的叙述方式，超越闭门造车式的书斋学术，同时也认为，可以用较大的篇幅，去挖掘描绘每个国家公园所在地区的田野、土地、历史、物候、农事、游猎与征战，这些均指向背后美学性的观察与书写主体，加上富有趣味的叙述风格，可使本丛书避免晦涩和粗浅的同类亚学术著作的通病，用不同的艺术手法，从不同方面展示中国国家公园建设的文化生态和景观。

三

我们不追求宏大的叙事风格，而是尽量通过区域的、个案的、具体事件的研究与创作，表达出个性化的感知与思想。法国著名文学批评家布朗肖指出，一位好的写作者，应当"体验深度的生存空间，在文学空间的体验中沉入生存的渊薮之中，展示生存空间的幽深境界"。从某种意义上来说，本书系的写作，已不仅关乎国家公园的写作，更成为一系列地域认知与生命情境的表征。有关国家公园的行走、考察、论述、演绎，因事件、风景、体验、信念、行动所体现的叙述情境，如是等等，都未做过多的限定，以期博采众长、兼收并蓄，使地理空间得以与"诗意栖居"产生更为紧密的关联。

现在，我们把这些弥足珍贵的探索和思考，用丛书出版的形式呈现，是一件有益当今、惠及后世的文化建设工作，也是十分必要和及时的。"国家公园"正在日益成为一门具有知识交叉性、系统性、整体性的学问，目前在国内，相关的著作极少，在研究深度上，在可读性上，基本上处于一个初期阶段，有待进一步拓展和增强。我们进行了一些基础性的工作，也许只能算作是一些小小的"点"，但"面"的工作总是从"点"开始的，因而，这套丛书的出版，某种意义上就具有开拓性。

"自然更像是接近寺庙的一棵孤立别致的树木或是小松柏，而非整个森林，当然更不可能是厚密和生长紊乱的热带丛林。"（段义孚）

我们这一套丛书，是方兴未艾的国家公园建设事业中一丛别致的小小的剪影。比较自信的一点是，在不断校正编写思路的写作过程中，对于国家公园自然与文化景观的书写与再现，不是被动的守恒过程，而是意义的重新生成。因为"历史变化就是系统内固定元素之间逐渐的重新组合和重新排列：没有任何事物消失，它们仅仅由于改变了与其他元素的关系而改变了形状"（特雷·伊格尔顿《二十世纪西方文学理论》）。相信我们的写作，提供了某种美学与视觉期待的模式，将历史与现实的内容变得更加清晰，同时也强化了"国家公园"中某些本真性的因素。

丛书既有每个国家公园的个性，又有着自然写作的共性，每部作品直观、赏心悦目地展示一个国家公园的整体性、多样性和博大精深的形态，各自的风格、要素、源流及精神形态尽在其中。整套丛书合在一起，能初步展示中国国家公园的多重魅力，中国山泽川流的精魂，生灵世界的勃勃生机，可使人在尺幅之间，详览中国国家公园之精要。期待这套丛书能够成为中国国家公园一幅别致的文化地图，同时能在新的起点上，起到特定的文化传播与承前启后的作用。

是为序。

刘东黎

2021 年 6 月

目 录

方舟
大熊猫

超　　　级　　　萌　　　宝

超级
萌宝

山间乱石堆叠，石上布满浅黄的苔藓，石间散着落叶，一枝瘦瘦的竹子斜伸，秋日的阳光柔柔的，明媚了整个秦岭。

它踩着苔藓，迈着碎步，微微低着头，缓缓前行。它走得很慢很慢，抓紧时间享受这慷慨的阳光。它知道冬天快来了，日头也会吝啬起来。它稍稍打扮了一下，穿着黑白装，白处似雪，黑处如墨，身子胖胖的，头颅大大的，额头鼓鼓的，脸颊圆圆的，腿儿短短的，向内弯着。最耐看的要算耳朵和眼睛了：那双耳朵黑黑的、茸茸的，似半个椭圆，朝前斜立着；黑眼圈像毛笔左一撇右一捺，便"顿"出个"八"字来。

一只大熊猫，一只野生大熊猫，不期然闯入了我们的视野。

除过关心自己，人类还从来没有如此热

情地关注过其他某个单一物种，给予它们至高的荣耀和华美的辞藻，视为吉祥、忠厚、和睦的象征，尊为贵宾，作为国礼相送。这只有大熊猫了，也只能是大熊猫了。它们把憨萌融入了骨髓，刻进了人类大脑。

"体格肥硕似熊，却独具创作的天分、艺术的完美，仿佛专门为这项崇高的目标而演化成这样一个模特。圆圆的扁脸，大大的黑眼圈，圆滚滚逗人想抱的外形，赋予熊猫一种天真孩子气的特质，赢得所有人的怜爱，令人想要拥抱它，保护它，而且它可爱又很罕见。更何况幸存者往往比受害者更能打动人心。这些特质造成了一个集神奇与现实于一身的物种，一个日常生活中的神兽。"怪不得美国著名野生动物学家、《最后的熊猫》作者

熊猫（李彬彬 摄）

夏勒教授发出这样的感叹。

　　作为动物世界最引人注目的明星，它们的吃喝拉撒、发情婚配、生儿育女，都是我们关注的焦点，所有隐私（包括生殖繁衍）都可以在所有媒体刊播，而明星的隐私（诸如婚外情）只能见诸小报小刊。同样是隐私，却不可同日而语：讲述大熊猫的爱情，再详尽也是科普；描写人的情爱，稍稍尺度大点，便成了色情。

　　事物不是因为美丽而可爱，而是因为可爱而美丽。研究视觉信号的专家认为包括大圆脸、明亮的大眼睛、一对大圆耳、柔软的四肢、扭来扭去的走路姿势等行为特征深受人们喜欢，颇得人们欣赏。这都契合了大熊猫，仿佛是为它们量身定制的标准。

　　世界上有比大熊猫更濒危稀少的物种，

也有种种性情"可爱"和科研价值高的物种，为何却独有大熊猫最受宠爱？我以为，大熊猫的性格，是我们所欣赏和喜爱的。它们疼爱孩子，却不娇惯，手把手传授孩子爬树、取食、过河、逃生本领，培养它们的独立生活能力；知道人对它好，一旦有个三病两痛，就向毗邻而居的人家求医问药，消灾祛病；文静时，乖得像只猫咪，闭上眼睛，仰在地上，伸展四肢，半天不动一下；高兴时蜷缩成团，打滚，翻筋斗，在树上荡秋千；自带航母，却爱好和平，与世无争，与金丝猴、羚牛、野猪、黑熊、斑羚共享一片山林，同饮一条山溪；分得清敌我，对待天敌，绝不手软，敢于一搏，狂揍黑熊，痛击豺狗；为了爱情，为了"性"福，不惜同类相残，大打出手，豁出去不要命；懂得

卧龙秋季落叶阔叶林生境（童磊 摄）

自保之道，避险时噌噌噌几下上树，等敌人走了再哧溜溜下来；谙熟生存策略，关键时刻放弃食肉，改吃竹子，成了劫后遗老；胆大时，野外见人不跑，还闯进村庄，钻进厨房找吃喝，甚至"捣乱、搞破坏"；怯弱时，见到农家狗就躲，被几声"汪汪"吓得藏进山林；平常动作缓慢，不是吃就是睡，却是长跑健将、游泳高手、爬树能手。

再与华南虎比较一下就更清楚了。华南虎是我国特有虎种，野外极有可能已灭绝，人工饲养的不足百只，可比大熊猫数量少多了。华南虎，雄武霸气，王者风范，但它凶猛暴烈，你敢亲近它吗？即使在动物园里，你也只能隔着铁栅栏远观，生怕不小心被它锋利的牙齿咬了。

所谓"物竞天择，适者生存"。大熊猫曾

是大熊猫—剑齿虎动物群中一个举足轻重的成员。第四纪冰期，气候发生剧变，威武雄壮的剑齿虎、剑齿象、中国犀等上百种成员走到了历史的尽头，大熊猫一下子活成了劫后遗老，而对其演化过程的研究，有助于揭开古气候变迁的面纱。

生物学知识告诉我们，食物链是从植物到食草动物，再到食肉动物，这是向上适应。而大熊猫是走了一条完全相反的路。我们要佩服它们，懂得自己的斤两，晓得如何自保，知道竹林多得很，根本不愁吃喝，能与它们争食的只有竹溜（竹鼠）、小熊猫，体弱不说，胃口也很小。只要不与人类争食物抢地盘，就没啥大忧愁了，至于两条腿的家伙咋样对待自己，它们是没有一点办法的，唯一的选择便是

大熊猫（黄耀华 摄）

退让隐忍。它们有大智慧，深谙明哲保身、大智若愚的处世真谛，亦为达尔文的进化论注入新的时代内涵。

法国博物学家布封（1707—1788年）对天鹅说尽了好话："它在水上为王是凭着一切足以缔造太平世界的美德，如高尚、尊严、仁厚等等。它有威势，有力量，有勇气，但又有不滥用权威的意志、非自卫不用武力的决心；它能战斗，能取胜，却从不攻击别人。它是水禽界里爱好和平的君主，它敢于与空中的霸主对抗；它等待着鹰来袭击，不招惹它，却也不惧怕它。"他的话，是不是像在夸赞大熊猫？

布封去世81年后，法国神甫戴维才在四川宝兴发现了大熊猫，要是布封早早见识了这个尤物，真不知会怎么"吹捧"的！

方舟
大熊猫

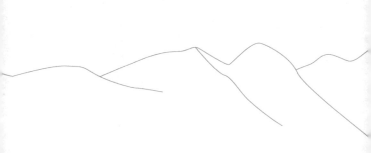

"六兄弟"

"六兄弟"

大熊猫也曾拥有过辉煌和强盛，数十万年前"猫丁"旺盛，足迹北抵北京周口店，南达越南、缅甸边境，成员众多，称霸一方。然而，世事是多么难料，随着气候变化和人类活动影响的加剧，家道迅速衰落，栖息地萎缩，数量锐减，被迫退缩至岷山、邛崃山、大相岭、小相岭、凉山、秦岭。这六大山系都在中国西部，被誉为西部"六兄弟"，它们共同养育了国宝大熊猫，成为它们最后的庇护所，大熊猫的方舟。

　　大熊猫是中国的国宝、动物世界的"超级明星""地表颜值担当"。我国政府每隔10年左右会对其野生种群生存状况、数量进行一次全面调查，即使艰苦时期也没间断。据全国第四次大熊猫普查结果显示，截至2013

年底，全世界野生大熊猫总数1864只，四川岷山、邛崃山、大相岭、小相岭、凉山地区生活着1387只，占74.4%；甘肃岷山地区只有132只，仅占7.1%。目前全球圈养个体超过600只，四川占到2/3以上。

大熊猫为何生活在这些地区？这只能从"六兄弟"所处位置、气候、水源、植被、食物、人类活动等方面找原因了。

翻开中国地图，我们可以清楚地看到，秦岭以北、以东，其他五大山系以西、以南，要么少山，要么缺植被，要么海拔太高，要么太冷，要么太热，要么太干旱，要么太湿润，都不适合大熊猫生活。

先来看岷山，北起甘肃东南岷县南部，南止四川盆地西部峨眉山，呈西北东南走向，为强烈隆升的褶皱山地。西北接西倾山，南与邛崃山相连，是长江水系岷江、涪江、白水河与黄河水系黑水河的分水岭。这儿文化底蕴深厚，拥有世界自然遗产九寨沟、黄龙、大熊猫栖息地，世界文化遗产青城山—都江堰，世界自然与文化双遗产峨眉山—乐山大佛世界遗产，是中国古代神话传说中天帝与众神的天庭所在地"海内昆仑山"和神仙文化、道教发祥地，以及古蜀文明发祥地。

岷山往南，就进入邛崃山了。邛崃山为强烈褶皱断块隆起的山地，呈南北走向，是四川盆地与青藏高原的过渡地带。山体结构多样而复杂，山体破碎，滑坡、泥石流多，山峰高耸，尖削险峻。主峰四姑娘山，当地

川金丝猴（邓猛 摄）

藏民传说为四个美丽姑娘的化身，坐落于卧龙西南边沿，被称为"蜀山之后"。它们高峻挺拔，奇异圣洁，与高原特有的洁净蓝天、各种奇峰异树、飞瀑流泉、草甸溪流交融成一幅奇异壮观的画卷。

大相岭略呈东西走向，西起二郎山，东至峨眉山，是大渡河与青衣江的分水岭，也是四川盆地与西昌安宁河谷地的天然分界线。而坐落其间的大渡河大峡谷，是仅次于雅鲁藏布江大峡谷和长江三峡，其深度和长度超过金沙江虎跳峡和美国科罗拉多大峡谷。小相岭则呈南北走向，蜿蜒于石棉与西昌之间，绵延逾百公里，是大雪山延伸出的余脉。从古代开始，南方丝绸之路的相岭古道就从大相岭的群峰峡谷间穿过，沟通了南北贸易物流，也留下了人类活动的影响。

凉山位于横断山东北缘、四川盆地与云贵高原之间，地势西北高、东南低，高山、深谷、平原、盆地、丘陵相间交错。东部因山原切割较弱，起伏缓和，谷地开阔，岩体破碎；西北部则地表崎岖，山岭重叠，切割强烈，为典型的高山峡谷区。古南方丝绸之路的蜀身毒道、灵关道蜿蜒于这儿的崇山峻岭中，北达巴蜀、中原，南通边陲、外邦。

最后出场的是秦岭。好似一条龙，在华夏大地中部蜿蜒腾跃，尾巴摆在甘肃，穿越陕西、四川，一路向东，把龙头搭在河南、湖北。这条巨龙，承运了华夏文明，隔开了南方北方、长江黄河，区别了自然、地理、气候，腾跃出多样的生态、生物、文化。这巨龙就是秦岭，最伟岸，最神奇，最灵性，最中国，与欧洲阿尔卑斯山、美洲落基山并肩，被誉为中华民族的父亲山。以大熊猫、朱鹮、羚牛、金丝猴为代表的"秦岭四宝"，更是为秦岭写下灼目动人的篇章。

总体而言，"六弟兄"位于我国中纬度地区，是全球生物多样性保护热点地区，处于滇藏地槽区松潘-甘孜皱褶系和昆仑-秦岭地槽区的秦岭皱褶系交界带。地势西北高，东南低，山大峰高，河谷深切，高差悬殊，地势地表崎岖，大部分山体海拔介于1500～3000米之间，最高山体海拔5588米（岷山主峰雪宝顶），最低山体海拔595米（甘肃文县中庙镇），是全球地形地貌最为复杂的地区之一。

这儿受东亚季风环流影响明显，处在大陆性北亚热带向暖温带过渡的季风气候区内，由东南向西北，依次从河谷亚热带湿润气候，经暖温带湿润气候过渡到温带半湿润和高寒湿润气候。境内山脉纵横，地势复杂，形成多种复杂小气候。全年平均气温12～16℃，极端最低温-28℃，最高温37.7℃。全年降水量500～1200毫米，季节分配不均，夏秋季多，冬春季少；空间分布也不均匀，西南区域多于东北区域，山区多于河谷，降水量随着海拔升高而增加。

这里河流众多，森林覆盖率超过70%，竹类资源丰富。竹林是大熊猫的主食，决定着它们的命运与生存。竹林分布广，品种多，有60多种，能有效错开花期，避免其大面积同步开花枯萎，保证了大熊猫的主要食物供应。

还有一个重要因素，那就是独特的农耕文化。这些区域少数民族集聚，有藏族、羌族、彝族、回族、蒙古族、土家族、侗族、瑶族等19个少数民族，民族文化、传统习俗绚丽多彩，有多项民族文化遗产被列入国家级非物质文化遗产目录。其中阿坝藏族羌族自治州是四川省第二大藏区和主要羌族聚居区，北川羌族自治县是我国唯一的羌族自治县。历史上，少数民族地区的猎人只把狩猎作为生存需求，而不是靠其发财，就像非洲大草原上的狮子，仅仅为了口腹，绝不大开杀戒。正如庄子曰："此木以不材得终其天年。"大熊猫是自己拯救了自己，它们的肉粗糙难吃，皮张硬没法使用，猎人们才没把它们纳入狩猎品种。

重要的是，山地利于大熊猫出行，于人就不大方便了。跋山涉水，活得疲累，于是深山里的人们开始无意识、或自发地迁居，反倒给大熊猫腾出了生存空间。像华阳沟、财神岭、李家沟、纸厂坪、蒸笼厂、骡马店，听听名字便知曾有人居住，如今已是长满了树木竹林，遗留着断壁残垣、破旧坟茔，锈满了苔藓、地衣。进入20世纪末，人类的观念不断改变，主动与自然和解，由政府主导的生态移民、扶贫搬迁，把更多环境还给了动植物。

人走了，地荒了，大熊猫偷偷地乐，趁机夺回了它们丢失已久的家园。

爬树的圈养大熊猫 黄炎伦 摄

方舟
大熊猫

宝　　兴　　的　　春

宝兴的
春

春姑娘穿着单衫子款款地来到了夹金山，来到了夹金山怀抱里的宝兴县。

宝兴县名源自《礼记·中庸》："今夫山，一卷石之多及其广大，草木生云，禽兽居之，宝藏兴焉。"春秋战国时，这里居住着青衣羌人。秦汉时汉人移入，设青衣县，属蜀郡。晋，属汉嘉郡。唐武德初年曾设灵关县。元末始称董卜，引入喇嘛教，青衣羌人转公为蕃民，隶属吐蕃宣慰司，土酋统治并归附朝廷。清朝乾隆年间更名为穆坪。1929年"改土归流"废除穆坪土司，1930年建县。

宝兴的外界名头很响，这都源于大熊猫。它以"四最"（大熊猫发现最早、生态保护最好、对外输出最多、栖息地面积占县域面积比例最高）被誉为"熊猫老家"。

大熊猫有着悠久而坎坷的历史，被誉为"国宝""活化石"。早在800多万年前，它就生活在这个奇妙的星球上，"始熊猫"是今天熊猫的先祖，体形只有现在熊猫的一半。远在4000年前黄帝攻打炎帝时，就曾训练了一支"猛兽大军"，内中就有大熊猫，并大战于阪泉（今河北涿鹿县）。著名作家蒋蓝认为，最早记载大熊猫的极可能是《山海经》："猛豹似熊而小，毛浅，有光泽，能食蛇，食铜铁，豹或作虎。"古籍称大熊猫称为"貘"，最早见于汉朝初年《尔雅》，"貘体色黑驳，食竹"。蜀地文学大家司马相如所作《上林赋》，列举咸阳"上林苑"饲养珍奇异兽近40种，其中便有大熊猫。

西汉所指上林苑，就在今天的灞桥区。

1975年，狄寨公社张李大队（今西安市灞桥区狄寨社区鲍旗寨）修水库时，人们在汉文帝母后汉薄太后南陵附近，从葬坑里发现了大熊猫头骨。

大熊猫的古名繁多而混乱，就手头资料可知，有貔貅，见《诗经》、郭璞注《尔雅疏》《尔雅翼》《礼记》《峨眉山志》《洪雅县志》；白狐，见《尔雅》；执夷，见孔注《书经》、陆玑注《毛诗》《尔雅》、郭璞注《尔雅疏》《尔雅翼》；挚兽，见《礼记》；白罴，见陆玑《毛诗广要》；文罴，见《庄子》；皮裘，见《峨眉山志》；角端，见《洪雅县志》；干将（雄兽之名），见《辞源》《尔雅翼》；貅（雌兽之名），见《辞源》《尔雅翼》；貘，见《尔雅》《本草纲目》、白居易《貘屏赞》《东周列国

志》《说文解字》《南中志》《旧唐书》。还有
貊、玄貘、白豹、猛豹、猛氏兽、啮铁、食
铁兽等等。

　　这30多个称谓，都指向同一种动物，不
能不让人惊讶！特别是食铁兽这个名号，可
见它的凶猛刚烈，远非今天这么娇憨温柔。
曾有一只大熊猫闯入四川宝兴农户家，吃了
羊骨头，啃坏菜刀、保温桶、木桶；而在四
川卧龙，一只大熊猫吞吃了盛装饲料的铫
盆，将金属碎片夹在粪便中排出来。

　　直到1869年，大熊猫才有了全球通行
名，这得从一个法国神甫说起。阿曼德·戴
维，1826年生于法国比利牛斯山间小镇，酷
爱自然，喜欢探险，36岁那年被法国天主教
会派到中国，做了四川宝兴邓池沟天主教堂

第四代神甫，兼任法国博物馆生物通讯员。回过头看，他的传教"主业"，似乎谈不上有什么建树，却在发现中国珍稀动物方面大显神通。最令人瞩目的成就，当属第一个发现并将大熊猫介绍给世界，引起巨大轰动。1869年3月11日下午，戴维到野外采集生物标本，返回途中路过一户李姓人家，主人客套地让到家中用茶点。墙上挂着一张黑白相间的奇特动物皮，吸引了他的目光。

主人说这种动物叫"白熊""花熊"或"竹熊"，很温顺，一般不伤人。戴维很好奇，就想要是能弄个活的该多好。谁知他的运气好极了，很快便如愿。同年5月4日，猎手们给他捕到一只这种动物。戴维费了一番脑子，为它取名"黑白熊"。经过一段时间的悉心喂养，戴维决定将其带回法国。经不起长途山路颠簸和气候不断变化，"黑白熊"还没运到成都就死了。戴维很惋惜，只好将它的皮剥下来做成标本，送到法国国家博物馆。博物馆主任米勒·爱德华兹见多识广，仔细研究外形特点，最后得出结论：这个奇异的动物既不是熊，也不是猫，而是与中国西藏发现的小猫熊相似的另一种较大的猫熊，遂定名"大猫熊"。

1939年，中国国内首次饲养展出大熊猫，是在重庆北碚平民公园（后改为北碚公园），展出的标牌上分别用中、英文字书写"猫熊"的学名和中文名：上排从左至右用英文横写猫熊学名，下排为了和外文的书写方式保持一致，亦从左至右用中文写上"猫熊"二字。由于当时中文的书写习惯，读法都是从右至左，因此观众都将"猫熊"读成了"熊猫"，就这么个"错读"催生了"大熊猫"的现代名称。

2021年春天，我专程到了宝兴，到了邓池沟天主教堂，认真阅读着陈列厅每一幅图片和文字，目光久久停留于那张大熊猫图片，还有身穿清廷官服的戴维神甫。那张摄于巴黎自然博物馆的照片，是世界首只大熊猫模式标本照片。皮毛黑白两色，身躯健硕，保持着密林行走的姿态，两只右足向前，身子微微左倾，仿佛仍在宝兴老家觅食。

老子说："祸兮福所倚，福兮祸所伏。"1869年，对于戴维神甫来说是个幸运年，他因发现珍稀物种"活化石"大熊猫被载入人类科学史册。而这一年，却是大熊猫物种的灾难年，西方知道了这个神奇物种，一下子疯狂起来，纷纷涌进来，开始血腥屠戮和金钱交易。罗斯福兄弟号称"熊猫杀手"，露丝·哈克纳斯首次将活体熊猫苏琳冒充"哈巴狗"带出中国，"熊猫王"史密斯贩卖的大熊猫最多……

为什么会发生这等悲剧？我想，只能从东西方文化里找缘由了。农耕文化滋养出的中国猎人，把狩猎作为满足自身需要，或在小范围内以物易物的生存手段。大熊猫的肉粗糙不好吃，皮硬不好用，不属于狩猎品种。而商业文化熏陶下的西方人讲究交换，追求利润，猎取野生动物当然是越多越好。

凭借一只大熊猫，戴维搅动了科学界的

一汪湖水。大熊猫走进世人眼球的那一刻，一场分类学大争论随之而来：大熊猫归于熊科，浣熊科，还是自立门户？三个阵营展开混战，针锋相对，互不相让，唯有熊猫冷眼旁观。据说，已有超过50部学术专著声称解决了熊猫的起源与分类。一个多世纪的论争，把大家都整累了，想想在为谁忙啊？然而，纷争还没终结。

像是戴维捡起一根柴，在四川宝兴点燃一把火，哪知星星之火渐成燎原之势，燃起了世界范围的"大熊猫热"。正如火能取暖，亦能灼伤人。世界对大熊猫的狂热，先是带给它们接二连三的厄运和灾祸，所幸随着西方人生态伦理观念的萌芽发展，又促进了对它们的研究和保护。

走出教堂，头顶是湛蓝的天，浮着一星半点的云；周围是翠绿的树、碧绿的竹林，齐整整地铺向远方；一条清澈的河缓缓地淌过，吟唱着欢快的曲子；各色花儿热闹地绽着，香气噼噼啪啪地炸响；农家的大公鸡仰着头，踱着步，一声声唱着清脆的歌儿。

放眼望去，春姑娘所到之处，惹得树呀草的笑得发了芽开了花。山桃花跟着来了，在悬崖，在坡边，在地头，一枝两枝地开，三朵四朵地放，是粉粉的白，为枯黄的冬衣点缀些白斑。它懂得谦虚，知道自己的果实又小又涩，就使劲在早春欢笑，扯着春姑娘的衣袖不放。

野樱桃花也不愿落伍，它比山桃树个头高，也冒过好些树，它是自豪着，把白白的花儿招摇在山林。我是远远看着那一蓬蓬的花房，想着小拇指头大的果儿，黄亮亮的，口水便落下来了。蜜蜂比人的嗅觉好，远远地闻到了花香，飞出蜂房，穿着单衣，顾不得微寒的风，享受起劳作的欢快。

鸟们兽们更是兴奋得合不拢嘴，画眉一声呼喊，大山雀首先响应，众鸟纷纷参与进来，奏起高高低低的交响乐。布谷鸟来了，催着人们种庄稼；啄木鸟知道虫子开始冒头，顾不上谈恋爱，桦树上瞅瞅，柳树上盯盯，尽职着医生的角色，顺便尝尝美味；松鼠从这个枝头跳到那个枝丫，跳跃飞荡，释放一个冬天的沉闷，高兴得忘了呼朋唤友；熊瞎子睡醒了，揉揉肿胀的眼眶，悄悄钻出洞，被中午的光线刺得睁不开眼，不敢动了，静静地待着，适应好了，才慢腾腾走进林子，去寻通便的药材了。

跟着向导走进山林深处，见识了一群金丝猴，约莫20多只。它们最是开心，大饥荒的时代暂时终结，食物渐渐丰盈爽口，它们呼朋唤友、拖儿带女，在丛林间飞跃跳荡，谈谈情，说说爱，尊尊老，抚抚小，尽享一个个大家庭的和睦兴旺。它们是灵长类动物中较进化的群类，与人类有着生理、生态、组群、活动方面相似处。以高山森林为家，地面活动较少。四肢灵活，善攀缘跳跃，动作轻盈，敏捷优美，后肢极富弹力。从不挑食，种类多而杂，食性随季节变换，春季食树皮、嫩芽、嫩枝，夏季多采植物叶、果，秋季吃植物种子、果实，冬季只好啃树皮了。它们的餐桌上，偶

尔也摆放着小鸟、鸟蛋或一些菌类。

听向导讲，这儿曾发生一件非常感人的事：有一年春天，蜂桶寨保护区人员在山林巡查，遇到一群金丝猴，距离百多米时，被猴群发觉了，顿时仓皇而逃。一只小猴子没有跑，却在树上不住挣扎，惊恐地叫唤。原来它在玩耍时不小心将尾巴缠绕在一个枝杈上被卡住了。猴妈妈听见孩子喊叫，又折过来，抱着它使劲扯。卡住的尾巴拉不出来，孩子疼得哇哇大叫。粗心莽撞的猴妈妈没有松手，继续使劲帮孩子拽尾巴。猴妈妈用力过猛，眼看着把尾巴就要扯断了。小猴子叫唤的声音更加凄厉，听得人心疼。见此情景，巡护员赶紧爬上树，把小猴子的尾巴从树杈上解开，让猴妈妈带走了孩子。

听到一阵类似羊叫声，就在前方一片茂密林子里。"前方有羚牛，我们不要走了……"向导低声说。我顿时后背冒出了冷汗，就势蹲在了一块大石头后面。羚牛的块头大，攻击力强大。每年都有新闻报道，某地羚牛伤了人，或是犯下"命案"。向导一边宽慰我，一边介绍起羚牛来。他说，羚牛的叫声低沉短促，用来传递位置，召唤子女，联络聚群采食迁移。要是有人或天敌靠近，它们会警觉地观察，站立不动，抬头盯视目标。如目标不动，它们就继续先前的活动；而一旦察觉到威胁，鼻腔便发出类似"吷吷"的声音，与威胁源离得越近，声音越响，然后迅速转身或突然跑动，发出声响，给同伴示警。接到同伴示警，稍远处的其他羚牛全部停止采食，慢慢靠拢在一起。当一群羚牛中有亚成体及仔仔时，雄羚牛会守卫在外围并向具有威胁性的异类进逼，母羚牛则带领亚成体及幼仔先逃走，公羚牛最后逃走。逃跑是羚牛躲避危险的主要行为，它们会迅速反身或向下坡沿一个方向逃跑。

这个时节，冷漠的大熊猫也变得热闹起来，平时不走动，各过各的日子，那些头年秋季生了宝宝的妈妈，享受着母子亲情，带着宝宝游逛，时时警惕着各种危险。那些要发情的雌性，忙着谈恋爱的大事，在树上摩擦肛门，留下类似巴斯消毒液的动情激素，随风飘散，吸引来异性尾随打斗。

向导说，要是山谷传来一阵阵像羊叫、狗吠、牛哞的声音，伴随着石头滚落、树木折断的响动，那一定是熊猫们在打架争老婆了。我问："这个容易看到了？""以前难得很，不过现在安装了红外相机，撞见的机会大多了……"

已是午后，阳光洒进林子，涂出一片片斑驳的影子。画眉、山雀、红腹锦鸡，这些不知倦怠的家伙，还没午睡，扯着嗓子叫唤，把个山林打扮得愈加幽静了。

我陶醉于宝兴的春天，眼前仿佛闪过一只大熊猫，正从152年前走来。

方舟
大熊猫

卧龙，　　卧龙

卧龙，卧龙

在中国所有大熊猫保护区中，没有比卧龙更美丽神奇的了！

作为大熊猫的"朝拜"圣地，卧龙从来不缺少新闻。2021年初，这里发布了全球唯一一只白色大熊猫野外活动影像。画面中，毛发通体呈白色，爪子均为白色，眼睛为红色，或雪地漫步，或"打坐思考"。它紧贴着安装红外线相机的大树坐下，背对镜头，文文静静的，若有所思。

"竹林隐士"的大家庭，喜添新成员，加上秦岭棕白色大熊猫，大熊猫家族就有了三身装扮，即黑白色、棕白色、白色。

跟随着向导在林间穿行时，在我们头顶盘旋，突然箭似的俯冲下来，扎进旁边的灌木丛。一阵惊慌失措的绝望叫声后后，大鸟重又射向蓝天，爪子上携着一只小小的鸟。

"一只血雉，做了金雕的美餐……"向导语气平静地说到。

这是自然的选择，一种动物的丧命，对于另一种动物却是生命的延续。

金雕是一种猛禽，强悍威武，利刃般的爪子能撕碎猎物皮肉，扯破血管，甚至扯断猎物脖子。据说，古巴比伦王国和罗马帝国，将其作为王权象征。忽必烈时代，强悍的蒙古猎人驯养金雕捕狼。

旁边的灌木丛很快恢复了宁静，仿佛什么事也没发生过。"走，我们去看看——"跟着向导，我们悄悄接近。一群色彩斑斓、形似家鸡而体形略小的鸟儿映入眼帘。它们在树下的苔藓和落叶里啄食，发出"沙沙沙"

的声音。血雉与其他雉类一样，擅长奔跑而不善飞翔。据说，如击毙一只，其他的血雉会返回原地窥视，并在死伤者周围徘徊。以前猎人拿火枪，装上火药和铁砂，朝着雉群开枪，天上便掉下来一大片。

相距10米，我们蹲在地上仔细察看：有20来只血雉，俯身，昂头，翘尾，扑闪着翅膀，跳跃移动，不时用嘴叼起苔藓、嫩芽和昆虫。血雉的喙、爪、眼圈鲜红，雄鸟头顶部灰色，有白色羽干纹，枕部羽延伸成羽冠，美丽而华贵；雌鸟羽冠棕褐色，向后转为蓝灰色。啄食和走路声，划破了林子的宁静。有的梳理羽毛，有的静静站立，有的互相凝视，有的抬头张望，仿佛刚刚没有任何事情发生。

血雉（何忠 摄）

血雉也是爱情忠贞的典范。夫妻相敬如宾，朝夕相处，受惊跑散后，雄雉发出"归—归"的长音，雌雉则发出"归、归"的短音，一呼一应，朝着叫声处汇合。夜间栖于不同树上，清晨雄雉先下树，鸣叫呼唤雌雉，声音甚是轻柔。汇合后一起觅食，归巢时雄雉一直陪伴到巢边，待其入巢，才慢慢离去。当雌雉孵卵时，雄雉则在附近防卫警戒，夫妻之情让人动容。

我们不再打扰，慢慢绕过去，钻进另一片茂密竹林，跨过一条小溪，前面又是一片灌木丛。"哇—哇—哇"一阵像婴儿的哭声传来。"这是啥叫呢？"我好奇地问。"红腹角雉，就在那里。"向导手指前方。

我们轻轻拨开灌丛，弓着腰慢慢接近，

走了十几米，向导打手势要我们停下来。那"哇哇"声就在耳边，却不见其踪影。向导指着左边一米远处的石崖，就见一只雄性角雉脖子一伸一缩，嘴巴一张一合，有节奏地发出"哇—哇—哇"的声音。

它的头顶生着乌黑发亮的冠羽，两眼上方各有一钴蓝色的肉质角状突起；顶下生有一块图案奇特的肉裙，两边分别有八个镶着蓝色的鲜红斑块，中间黑色衬底上散布着天蓝色斑点。全身大红色，散布着圆圆的灰色斑点，就像红色锦缎上洒满大大小小的珍珠。

我不小心踩断了一截枯枝，这声音把它惊扰了。它停止鸣唱，却没马上隐藏或是飞走，而是左看右瞅寻找声音的所在。我们走着扇形包抄状，与它越来越近，它可能觉得走投无路了，竟然把头钻入灌木丛，以为藏住头就没啥事，哪还管暴露在外的身子。"这家伙真是呆头呆脑的，反应迟钝不说，还傻得可爱。"看着这个呆相，我禁不住笑了。

向导说，别看这家伙平时"傻不拉叽"的，但感情不傻，用情专一。雄鸟算得上"模范丈夫"，晚上睡觉先给妻子占个好地方。天蒙蒙亮，就开始"大哭大叫"，叫喊累了下到地面觅食。两只强健的爪子将杂草、树叶拨拉开，尖嘴一下一下地啄，寻找可口的嫩枝、果实。碰到昆虫这样的美食，自己舍不得吃，"咕、咕、咕"唤妻子来享用。

与人类一样，雄性主动求爱的时候，它们便使出浑身解数，追求属于自己的幸福。我们有幸目睹了角雉的求爱过程——

两只角雉在一棵树下啄食，雄鸟的角和肉裙鲜艳奇特，雌鸟的羽毛呈棕黑色，不如雄性靓丽多姿。这身装束却与周围环境很搭配，不显山露水。我相信，即使眼睛锐利的鹰也极难发现。

　　雄鸟先是不时摆动头部，低头垂翅，绕着"心上人"转圈。哪知对方并不领情，把整个兴趣集中在觅食上。突然，雄鸟昂首阔步，将头一下一下地点，黑黑的脑袋顶上拱出两个肉芽，眨眼间长大延长，充气一样站立起来，成了钴蓝色；脖子下面伸展出鲜艳的"肉质"围裙，帷幔一样吊挂在胸前。"肉裙"是钴蓝色与鲜红色相间，上面装饰着黑色圆点。尾巴张开成一把扇子，翅膀半张犹如一把更大的扇子。脚下踏着节奏，头上的角像弹簧一样摆动，"肉裙"上下左右舞动，两把"圆扇"微微颤抖。

这就把"心上人"震住了，雌鸟傻呆呆地看着对方表演。雄鸟受到鼓励，一边搔首弄姿，一边慢慢靠近，几乎挨在了一起。只见它扑打一侧翅膀，猛地跃起，跳到雌性脊背。一番云雨过后，雄鸟依然精神头十足，用喙轻轻吻着雌鸟颈部，然后开始用爪子翻拣食物，"咕、咕、咕"召唤着雌鸟。

第二天，我们开车去看雪山。巴朗山非常陡峭贫瘠，生着矮矮的灌木和草甸。山下的春闹热极了，这里还是冬天的模样，一切都裸露着，像是百岁老人的身子骨。车在"之"字形路上拐来拐去，到了巴朗山垭口停了下来。我们站在路边眺望，心里涌动

红腹角雉（火瑞虹 摄）

着旷古的震撼。远处一座座山峰敷着白白的雪，阳光打在上面，散出清冷冷的光。隔得那么远，我们脸上一下子添了寒意。"窗含西岭千秋雪，门泊东吴万里船。"杜甫老人家的诗句，一下子涌上心头。

一阵大风刮来，起雾了。峡谷的云气一股股升上来，被风裁成了一条一条丝带，缠绕在山间，温婉妩媚却又清纯可人。雾蒸腾着，氤氲着，碰撞着，聚拢来又分开去，最后还是聚拢溶合在一起，形成一匹硕大无朋的白纱布，紧紧裹住了巴朗山。

我们还在感叹时，雾却突然解散了，不消一支烟工夫，便消失得干干净净。蓝天似染，白云如洗，山势拔地而起，群山伏虎，山峰欲飞，山是愈加钟灵毓秀了。那一刻，世间所有的烦恼、失意、惆怅，都没了影踪，纯洁如刚刚脱离母体的婴儿。

卧龙真是一块宝地，销声匿迹已久的"高原精灵"王者回归，再次为卧龙增添了勃勃生机与无限希望。一项调查显示，在卧龙132平方公里栖息地内，至少生活着26只雪豹，分布密度居全国之首。"一母带三崽"的雪豹影像一经公布，便在国内外获得空前关注。

雪豹具有夜行性，昼伏夜出，每日清晨及黄昏出来捕食、活动筋骨。敏捷机警，动作灵活，善于跳跃。见过雪豹捕捉岩羊的视频，一只大岩羊被雪豹追赶得没了去路，冒险从三四米高的高崖纵身而下。谁知雪豹也是纵身一跃，稳稳地压在岩羊身上，一同掉落下去。岩羊摔死了，雪豹却没擦破一点皮。

这一幕让我惊讶、感叹了好久。

它们常沿着固定路线行动，喜走山脊和溪谷，喜欢睡在崖石下晒太阳。像大熊猫一样，雪豹平时独来独往，只在发情期成对居住。可又与大熊猫不同，它们有固定巢穴，选在岩石洞、乱石凹处、石缝或岩灌木丛，大多在阳坡，光线好，视野开阔。

作为青藏高原耐高寒动物群的重要成员，雪豹处于高原生态食物链的顶端，被称为"高海拔生态系统健康气压计"。由于非法捕猎等多种人为因素，雪豹的数量正急剧减少，现已成为濒危物种。在中国，雪豹的数量甚至少于大熊猫。

我们去的时候是4月中旬，还没到卧龙最美的季节。再过十多天，珙桐花开了，如一群群鸽子飞翔，白得通透，白得清纯；杜鹃花笑了，从山脚攒到山上次第开放，火红火红的，红得漫山遍野，犹如花的大海。短暂的春日彩排之后，夏天盛装上演，润湿凉爽，绿草茵茵，溪流清澈，奇峰叠嶂，云蒸霞蔚。秋季是最美的季节，万山红遍，层林尽染，斑斓多姿。当雪花不约而至的时候，卧龙穿上了冬衣，裹上了雪白的外套，那是冰雪的世界，那是童话的王国。

大熊猫来了，雪豹来了，来到了卧龙这片美丽神奇的土地。

方舟
大熊猫

唐 家 河

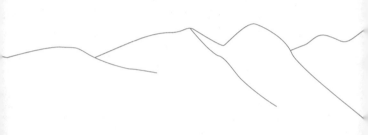

唐家
河

唐家河之行，纯属意外，却收获了意料之外的欢喜和幸运。

我从白水江坐车到了青川县汽车站，原本转高铁回成都的，却在滚动屏幕上看到了距清溪镇只有59公里，此前我就知道唐家河保护区在那里。何不去看看？于是我买了票，坐上一辆很旧的班车，颠簸到了清溪镇。

青溪古为《禹贡》"梁州之域""周秦氏地"，扼秦陇入蜀咽喉，为历代兵家必争之地，尤以蜀北咽喉之称的阴平古道、摩天岭驰名。摩天岭古名青塘岭，蜀号"天险"。263年10月，邓艾率军偷渡阴平一举灭蜀，举世称奇。明洪武年间，颍川侯傅友德仿效邓艾，从阴平道入蜀灭掉夏国。清朝龙安知府陈于朝感叹道："阴平古道，吊两国兴废之由。"1935年

4月，中国工农红军第四方面军北上抗日曾在摩天岭激战，筹建赤水县政府。1949年12月，中国人民解放军62军一部沿阴平古道南下进军青川，继而解放四川。

这里有座古城，自三国诸葛亮督参军廖化屯田戍守，迄今已有1700多年历史。古城内保存有完整的明代城格局和川北明清建筑群系，风貌古拙朴质。古城历史文化厚重，人文荟萃，青塘关、控夷关、写字崖、落衣沟、磨刀石、水中井、虎盘石、千年银杏、印盒石、打箭坪、南天门、点将台、鞋土山、先机亭、邓艾庙、石牛寺、华严庵，每一个古迹都有一个传说，一段历史，抑或是一首优美的诗。

站在古老城墙上，细细感受古城的沧桑与厚重。正是傍晚时分，太阳像是点燃了一把大火，烧得西边半个天红通通的。有几朵棉花絮样的白云再晚霞的映衬下开始变幻，先是大象，后是奔马，再是腾飞的鹰，最后更如一条游走的巨龙，横在西天边。这龙嘴巴大张，龙角斜立，龙身扭着，龙尾摆着，四爪乱舞，闪着金光，耀人眼目。西边山峦如黛，高低错落，高峰陷进云海，低山仰望云霞。

晚霞红彤彤的，时而与峰峦相叠，时而如波涛奔涌，时而似走象飞鹰，时而像熊猫躺卧。山山梁梁，沟沟壑壑，街巷行人，鸡狗牛羊，全被镀上一层金色。远处山腰，似乎兀立着一头羚牛，头朝东方，背驮晚霞，金光闪闪，一动不动。一会儿，仿佛燃尽了能量，火烧云渐渐褪去颜色，云影在天际绣出图案来，直至夜色逐渐融化了眼前的一切。

八月竹（黄耀华 摄）

"我们这里是世界生物多样性热点区域，也是我国乃至世界森林兽类遇见率最高的地区，你在网上见到野猪在天空飞了吗？"

第二天上午8点，唐家河保护区管理处谌利民处长利用工作间歇，热情地向我介绍起来。

"这事我知道呢，网上动静很大的。"

谌利民处长所说的是：2021年4月4日，一群参加自然教育活动的摄影师，在唐家河记录到金雕捕食野猪的画面。当时摄影师们正在白熊坪拍摄羚牛，忽然一只硕大的金雕抓着一头小野猪跃入视野，惊叹之余便纷纷将镜头对准这只"空中霸主"。只见它紧抓野猪幼崽，掠过山谷平稳地落在悬崖上，稍作休息后再次抓起野猪飞走。金雕是国家一级重点保护野生动物，大型猛禽，能从高空俯冲捕杀比自己体重的猎物。

"还有大熊猫打架争女友的视频呢，你到摩天岭保护站，听巡护员讲吧……"

谌利民处长安排了车辆，让司机景师傅带着我，沿青竹江逆流而上。青竹江又名清水河，发源于青川县摩天岭南麓，由西北向东南流经唐家河保护区、青溪镇，在广元市利州区宝轮镇注入白龙江。

车过白果坪保护站，到了疙蚤崖，突然听景师傅叫了一声："斑羚——"顺着他的手指方向，我看到一只成年斑羚蹿上了山坡，又在一丛灌木前停下来，扭头望着我们。景师傅打开车门跳下来，举着手机拍摄。但斑羚没有配合，朝着坡上密林奔去。

景师傅把车开得很慢，一边开车，一边朝两边张望，他说这路上经常见到野猪、黑熊、羚牛、豹猫，它们要到河里喝水，必须跨过公路。这个季节，羚牛下山活动，很容易见到。确实，路边每隔一段就树个牌子，提醒大家行车慢速、不要鸣笛、注意羚牛。

　　又行了不远，只见车前晃过一团黑乎乎的东西。"是小麂！"景师傅低声一句，他说的这家伙胆子小得很。果然，没等我把手机对准，它已消失在密林中了。

　　每年3月中旬到4月中旬，是大熊猫发情的时节。每到这时，雌性会抬起尾部，露出隐秘部位，在树干上留下气味。雄性闻到气味，便争先恐后地聚集到雌性身旁。声音也是大熊猫表达细微情愫的特殊信号，雄性叫声似羊叫，带着颤音；雌性则像狗吠，脆生生的。

　　一只雌性大熊猫匆匆而来，走到树根附近嗅闻气味，背向树干，前爪撑着地面，后爪踩着树干，慢慢挪动身子，倒立于树上，屁股朝天，晃动头部，嘴巴半张，撒起尿来。完事后，还不忘剥掉尿渍处树皮，或狠狠抓几下，留下深深抓痕。尿味或浓或淡，酸酸的，夹点麝香味。这时，一只雄性嗅着气味，激动起来，也做一遍相似功课。仿佛在告诉异性："你走慢点，我来了——"同时也是警告同性："我已在此，你识相些——"

　　这种标记，平时用来维护和平，宣示领土主权，警告同性远离，以免发生不必要争斗，伤了和气。过往的熊猫，闻到陌生味道，便会自觉走开。还能帮助研究人员收集气味标记样品，进行DNA采样，避免用保定、麻醉等造成应激反应，影响身心健康与保护。

它们通过气味标记，找到彼此。双方见面后，就转为声音交流。大熊猫是近视眼，得靠听觉消除交流障碍，通过十多种不同的叫声，表达亲昵、喜悦、恋爱、愤怒、拒绝、抗议、绝望，甚至可能传递着性别、年龄信息。

雄性动物们大都拥有俘获异性的看家招数，比如许多雄性鸟儿拥有靓丽的打扮或甜美的嗓音。

大熊猫的世界同样是"窈窕淑女，君子好逑"。头年生育过的雌性第二年忙着养孩子，只有那些育龄期内没生宝宝或宝宝长大的雌性才接受异性。发情的雌性数量较雄性数量叫雄性数量少，因而它们身后通常会跟着几个追求者。

谁都想摘取爱情的果子，打败挑战者是雄性大熊猫的唯一选择。这时，实力与智谋成为取胜的关键。它们先是以声音相胁迫，彼此发出可怕的类似家狗打架时的吼声。那些胆小体弱或经不起威胁的，只好识相地走开，仅能不甘心地发出酷似牛叫的低吼。若双方觉得个头差不多，或恃强逞勇，或抱侥幸心理，一场激战便不可避免了。

在摩天岭保护站，巡护员给我讲了野生大熊猫打斗求偶的事。他们在野外调查多日，这天中午就听到大熊猫的发情求偶叫声。他们悄悄地赶到附近，借助树梢掩护，架起相机拍摄。在海拔2300米的一棵树上趴着一只大熊猫，树下两只体型相当的雄性怒目而视，不时发出低沉吼声。突然，它俩扑在一起，凶猛地撕咬成一团，酷似狗打架的声音传出很远。战斗进行了十几分钟，失败者沿着山坡逃走。获胜的"勇士"面向"美人"发出"咩—咩"的颤音，声音极尽温柔。"美人"见"勇士"取胜，一路小跑过来，围着"勇士"转圈撒娇，情意绵绵地伸出粉红色舌头，轻轻舔舐对方鼻梁上的伤口。

整个过程被他们观察记录了下来。巡护员说，这里的大熊猫很活跃，今年已记录了5次影像资料。青川箭竹和糙花箭竹分布广，羚牛、金丝猴、金猫、黑熊、红腹角雉活动更频繁。

"我们这里金丝猴也很多呢……"巡护员小刘对金丝猴的生态习性非常熟悉，打开话匣子，就收不住了。他说，人类以家庭为基本组成单位，金丝猴也如此。每个"家庭"由老年、中年、青年和幼仔组成，群内分工明确，尊卑严格，家长身份威望最高。它们是与人类基因最为接近的动物，小猴子的叛逆期来得格外早，猴小宝半个月大的时候就想挣脱妈妈的怀抱"闯天下"。

母猴非常疼爱幼仔，为保护它，可以不顾及性命，确信无法摆脱危险，就赶紧把宝宝抱在怀里喂奶，似乎担心自己死后宝宝没奶吃；还做出各种姿势央求不要伤害宝宝，自己愿意替死。

小刘的一席话，让我想起大熊猫专家雍严格讲的金丝猴妈妈舍身救子的事：猎人把一只带仔的母金丝猴追赶上一棵大树，大树周围空旷，母子俩已经无路可逃。枪法最准的那个猎人瞄准它们，准备射击。面对黑洞洞的枪口，陷入绝境的猴妈妈将宝宝紧紧搂在怀里，从容地喂奶，等宝宝吸吮完了，便把它搁在身旁一个树杈上，摘了些树叶，将剩余的奶水一滴滴挤在上面，摆在宝宝够得到的地方。猴妈妈把奶水挤干了，用左前爪指着宝宝不停地摇晃，再将爪子移回自己胸部，仿佛在说："求求你们，饶了孩子吧，要打就打我！"猴妈妈把自己认为该做的都做了，然后坦然的双手捂住脸，静静地等待死亡。那个猎人明白了它的意思，那坚硬如金刚石的心瞬间软化成一块石墨。他面对的不是一只猴子，而是一个伟大的母亲。猎人无力地放下手中的枪，从此不再打猎。

金丝猴妈妈舍身救子，已经深深打动了我，但还有更令人震撼的呢。有的猴妈妈竟然

川金丝猴秦岭亚种（刘思阳 摄）

携带死婴，这种极端的母爱惊天动地。那年4月中旬，秦岭地区倒春寒，雪大风硬，持续多日，佛坪大坪峪一只小猴子冻饿而死。母猴把它抱在怀里，小猴脑袋和胳膊耷拉着，干瘪的身体像滩泥一样，不听使唤地往下堆。猴妈妈还是把它紧搂在怀里，呆呆地盯着，细心摘着宝宝身上的杂物。

猴妈妈后来意识到小猴已死，眼神愈加悲伤，疯了般上蹿下跳。看着其他母子翻腾跳跃，自己抱着宝宝躲在远处，悲痛地哀号，让人撕心裂肺。十多天后，宝宝的尸体风干得失了模样，猴妈妈没有绝望，不时舔舔小猴的毛，携带着干尸觅食……

返回路上，我们聊起了金丝猴。"从这里进去，前边那片林子经常能见到金丝猴……"

景师傅说着，停下车，跨过河流，钻过密林，在一片阔叶林下觅到猴子活动踪迹：到处是它们扬弃的树枝、新鲜的枝叶、没有成熟的浆果、算盘珠似的暗褐色粪便，高亢、爽朗、尖利的喧哗声此起彼伏。我们爬上一棵粗壮的桦树，攀到枝丫上，双腿绞着，双手搂着，生怕掉下来。风吹动了大树，我们也随着摇晃，心便随之提到了嗓子眼。

"快看——"老景轻声叫道，顺着他手指的方向看去，对面山坡丛林中有一群金丝猴正在戏玩，采食树枝嫩芽。我激动地朝猴群奔去，老景急忙喊道："别急，那样会惊动猴子的，我们悄悄接近……"

冲下陡峭的山谷，爬上山坡，翻过两座山岭，然后就被那"啊呜——叽叽"乱叫的猴子团团围住，陶醉于这奇异的热闹中，我们仿佛也是一只只"猴王"了。

头顶不断有树叶飘下来，枯枝的断裂声连同群猴的呼叫声混成一团，震耳欲聋。它们在树上坐着、走着、攀爬、跳跃，甚至追逐斗殴，仿佛所有的树都在晃动，好像满山都是猴子。透过浓密的树叶间隙，我们看到70多只金丝猴，老、中、青、幼皆有。一只大公猴神态惹人注目，体格高大，目光犀利，威风凛凛，颇有霸气，背部毛色格外金黄，柔长飘逸。三只哨猴借着树枝的弹性，在二十多米高的树梢上敏捷从容地跳跃，一荡一跳可达六七米。它们不时地站立树冠顶端，手搭凉棚东张西望，神态酷似侦察兵。老景轻声告诉我，金丝猴性情机警多疑，每到一处总要派出几只雄猴攀上

川金丝猴（肖维阳·摄）

树顶警戒，其他成员则放心取食，或追逐嬉戏。遇到危险时，警戒的雄猴会立刻发出"呼哈——呼哈"的报警声，成员们便会立即大声呼应，有秩序地撤退，绝不慌乱。

日挂中天，林子暖和起来。它们在高大茂盛的树上如履平地，非常敏捷，蹲踞俯仰，攀爬跳跃，追逐打闹，挠痒理毛，打盹休憩。小猴儿最是调皮可爱，没有顾忌，由着性子来。有时，竟以同伴的尾巴为玩具；有时，牵着柔软的树枝在树间跳跃，甚至敢在悬崖边的枝藤上表演"单臂小回环""双臂大回环""猴子捞月亮"。它们在枝丫上跳来荡去，昂首举目，身体斜倾，前肢向前上方伸展，后肢持蹬踏的姿势，长尾飘飘，阳光勾勒出它们毛茸茸的轮廓。有时候，攀缘至树顶梢，突然空翻向下，接连几个腾空翻，然后抓住最底层的枝丫，再腾跃到另一棵树上。一个个累了，就停下来，回到妈妈身边休憩吃奶。妈妈伸出长手一抓，拎起小猴儿往怀里一揽，便给孩子喂奶。妈妈奔走觅食时，孩子抱住妈妈的腹部，不分不离。妈妈多了个"包袱"，却看不出丝毫的沉重，依然是那么欢快飘逸。

几只成年猴抢着抱一只小猴子，把小家伙逗得哇哇直叫；有两只猴子一会儿依偎，一会儿拥抱，在谈情说爱呢，几只小猴子不甘寂寞，蹿到面前挑逗，被它们赶跑了。它们通体淡黄色，具有金属光泽，有时会惊恐地相互搂抱在一起，像极一个个嫩黄色的绒线团。家长是家族里地位最高的，平时没"人"敢动它的头，小家伙们却不惧，爬上肩头，撕头发，扯耳朵。做父亲的一点儿也不恼，温柔地拥抱抚摸它们。

看得兴致正高，谁知脚下的枯枝断了，"咔嚓"声惹得哨猴发出"呷呷"的紧迫叫声。猴群立刻骚动起来，小猴子惊叫着往母猴怀里钻，母猴慌乱地向公猴跟前凑，公猴神情紧张如临大敌，家长神情冷峻，登枝眺望，察看动静。片刻后，它一声吼叫，一猴叫，众猴应，整个猴群一片喧嚣。呼声、叫声、号声响成一团，沸腾了山谷，惊飞了鸟儿。哨猴领先，母猴抱着小猴居中，公猴断后，扶老携幼，呼朋引侣，蜂拥而去，攀跃如飞，呼呼呼狂风骤起，在阳光的照射下，就像一道道金色的闪电，伴着新枝断丫声弹跳得不见踪影。

这趟唐家河走得太值了。行文的此刻，我的记忆还是那么鲜活，一切又似乎回到眼前。

方舟
大熊猫

白熊坪"羚牛村"

白熊坪
"羚牛村"

在秦岭，当地人把羚牛大规模聚集的地方称之"羚牛村"，像光头山、药子梁都是远近有名的"羚牛村"。而在四川，在唐家河白熊坪，也有这样的村落。

岷山位于川甘边界处，是大熊猫栖息地中面积最大、数量最多的山系。那里有几个大熊猫保护区，其中摩天岭以北是甘肃白水江保护区，以南为唐家河保护区。在山林更深处、公路尽头，驻扎着一个大熊猫观测站——白熊坪保护站，因当地人把大熊猫唤作白熊，故而得名。

白熊坪走进我心里，是从一篇介绍刁鲲鹏的文章开始的。《在白熊坪，保护大熊猫的年轻人》写的是刁鲲鹏从中国科学院动物研究所硕士毕业后前往唐家河保护区，担任全国首个社会公益保护站白熊坪保护站站长的事。他把妻儿留在北京，在这荒无人烟的地方，待了好几年，夫妻俩都没有北京户口，孩子上学成了问题。只有回京考个公务员，才能弄个北京户口，好让孩子上学。但经过一番思考，他把这个放弃了，毅然决定留在白熊坪。他活得很纯粹，只想着与动物打交道，简单且快活。

我到白熊坪的时候，刁鲲鹏正巧不在，到成都联络工作去了。

谈到动物，巡护员小李说，这儿大熊猫很难遇到，他们只在2014年11月见到一只受伤大熊猫。当时，它趴在几块长满青苔的石头间，一动不动，肚子下一片血迹，腹部撕裂，肠子外露。刁鲲鹏站长立即上报保护区，保护区赶紧联系成都的专家，迅速赶来。由于伤势太重，经过五六天治疗，这个取名"坪坪"的熊猫最终还是走了。

"你们平常看见最多的动物是啥？"

"金毛扭角羚，"大家异口同声地答道，"这儿到处都是！"

巡护员口中的金毛扭角羚，学名叫羚牛。这种大型牛科动物，相传为武成王黄飞虎坐骑五色神牛的后代，分为不丹亚种、指名亚种、四川亚种、秦岭亚种，后两个亚种为中国特有。结实的肌肉撑顶着金色毛皮，勾勒出威武雄壮的姿容。其体形粗壮如牛，四肢健壮有力，颔下有长须，头小尾短，又像羚羊，叫声似羊，性情粗暴如牛，故名羚牛。那对大扭角，是其身份与地位的象征。

金毛扭角羚羊秦岭亚种（刘思阳 摄）

其角粗而较长，角形甚为奇特，由头骨之顶部骨质隆起部长出，先向上升起，突然翻转，复向外侧伸展，然后向后弯转，近尖端处又向内弯入，呈扭曲状。因头如马，角似鹿，蹄如牛，尾似驴，体型介于牛和羊之间，牙齿、角、蹄子更接近羊，便被称为"四不像"，有的地方也被唤作"六不像"。

山坡上的树枝抽出了嫩芽，草儿拱出了地面，鲜嫩如婴儿的皮肤。羚牛们已经半饥半饱了一个冬天，能觅得这等美餐，实在是件幸福不过的事儿。

巡护员说，羚牛的嘴巴是为了吃喝，以及发出各种信息，它们常在上午和傍晚采食，行走着吃，后肢站立吃，骑着树吃，压下枝条吃，撞击树干吃，前蹄跪地吃。它们嗜好舔食天然硝土，饮用含盐分的水，补充钠元素，减缓牛瘤胃膨胀病的发生。遇到坚硬的泥土，则用前蹄使劲刨开，再舔食带盐分的泥土。他们在山上搭建的小木屋，成了羚牛最喜欢光顾的地方。小木屋周围有人撒下的尿迹，羚牛常趁没人或夜里前来舔食尿液。它是在给自己当保健医生呢。

这天上午，我与巡护员小李沿着小路朝一条山沟进发。小李说，这条沟号称"羚牛村"，羚牛们天天在这里觅食、玩耍，随便都能见到几十只。果然，走了个把小时，我们就发现了羚牛活动的痕迹：到处是羚牛粪便，成年羚牛的屎像牛屎，一个个蛋蛋叠在一起，仔仔的屎与家羊屎没啥区别；还有羚牛横冲直撞过灌木丛时豁出的道道，牛蹄踏翻泥土的印迹，在树上擦痒痒时留下的毛发，以及空气中弥漫的腥膻味。

小李提醒我小心，羚牛抵人哩，撞上它可不是好玩的。有年夏天，他带着两个朋友刚上到前边那个山梁，就看到20多只羚牛。那俩人没见过羚牛，兴奋地"啊啊"乱叫，逗惹羚牛。羚牛冲了过来，他和一个朋友赶紧躲在大石头后面。另一个来不及跑，身边有棵桦木树，他就势爬上去，蹲在一截枯枝桠上。羚牛追到树下，见那人在树上，莫可奈何地离开了。一只大公牛却卧下不走了。那截枯枝桠有点短，站不稳，他想移至另一树杈，才抬起一只脚，"咔吧"一声，枯枝桠断了。他没一点防备，一下子跌下来，恰巧落在牛背上，又从牛背弹到草地上。大公牛被砸得一下子蹦起来，回头望了一眼，撒开蹄子，冲下了山梁。

我的头皮一阵阵发麻，后背一阵阵发冷，总怕与它们狭路相逢，好家伙，几百公斤重的庞然大物，还有那尖锐的犄角，即使轻轻顶一下，我辈也受不了。小李宽慰说："有我呢，没啥事的！"他说，野外观察羚牛时，只要处于羚牛的下风处，别发出声音就容易接近且不易被发觉。集群的羚牛总会沿着一个方向边移动边采食，久而久之就会在山上形成"牛道"。这样的"牛道"相对好走，却容易与它狭路相逢，特别需要多长双眼睛和耳朵。

赵序茅博士在《羚牛袭击人的真相》中说，野外羚牛与人相遇的形式有三种：偶遇型，双方在毫无准备的情况下突然遭遇；作死型，人先发现羚牛并主动接近；中奖型，羚牛先发现人。

羚牛平日里性情温和，可是发起怒来，能轻易撞断茶缸粗的树。受伤的、患病的、带仔的，还有"独牛"最易伤人，要尽量避开它们。若是两者相逢避让不及，千万不要惊慌失措，四处乱跑，停止做任何动作，不刺激，不招惹，静静观察，与它对峙，直到它对人放松警惕后迅速离开。万一羚牛冲过来，要果断判断其动向，就地卧倒一动不动，或迅速朝左右方向闪开，或爬上树，或围绕大树兜圈子，羚牛并不会拐弯，躲过去就没事了。羚牛怕狗，模仿狗叫也是个吓唬它们的好方子。羚牛忌红，上山不能穿红衣服，否则

羚牛四川亚种（董磊 摄）

会遭其攻击。羚牛不怕火，有踏火习性，火旁夜宿要留心。

走到一个山梁，小李突然低声说："看那儿——"顺着他手指的方向，我看见了一群白花花的东西，像棉絮样，一片片散落在地。就在我们下方不远处，一片开阔的树林间，一群羚牛正在午休。我们停下来，隐在一棵大树旁，我压着心跳，好奇地数起来。约有30只，它们四肢伏地而卧，围成一个不规则的圆圈，牛角向外，把幼羚牛和母羚牛围在中央。几只"警卫"站在高处放哨，警惕地四处张望。这是一种共同御敌的防卫形式，与北美麋鹿集群防御狼群多么相似啊。

看够了，我们再次出发，走了没多远，前面传来"砰—砰"的声音，禁不住好奇，我们轻手轻脚地凑过去。

又是一群羚牛，想必是午休结束，开始进餐了。它们低着头，嘴巴挨着地面，啃食着草芽，很是专注。有两只小羚牛就像离开屋子的孩子，欢呼跳跃，撒欢奔跑，互相追逐，抵来抵去。它俩互相以头相撞，接触后发出"砰"的一声，立即后退撤开，它们或许在为生存"热身"呢。

这时刮起了山风，山间回荡着洪水奔涌的涛声。我们恰巧处在羚牛上风向，一只哨牛（哨牛为牛群中担任警戒任务的成年羚牛。编者注）嗅到了异样的气味，它的耳壳不断颤动，鼻子不停伸缩。它与我们相距10米左右，这些动作，我们看得十分清晰。哨牛发现了我们，上下唇连续嗒嗒嗒响，它打了一个响鼻，撒腿就跑。羚牛们听到响声，便跟着奔跑，很快形成雄性成年开道、雌性成年压尾、中间夹着牛犊的队伍，不一会儿，消失在密林中。

谁知小羚牛玩兴太浓，竟然没有在意哨牛的提醒。等羚牛群跑了，它俩才慌了，赶紧停止玩耍，撒腿便跑。其中一只却不慎把左后腿卡进石缝，左扭右抽出不来。山林里危机四伏，凶猛的豹子、豺时时窥探着，准备吞噬一切可作美味的弱者，小羚牛正是它们可猎取的佳肴美味。我们看得焦急，听不见羚牛声音，小李冲过去，准备帮小家伙一把。哪知已经跑远的几只成年羚牛折了回来，朝着他猛冲怒吼。

小李掉头朝林子奔来，手脚麻利地上了

树，我也赶紧爬上一块大石头，紧张地大气不敢出。一下子想起那年，我去秦岭西河找大熊猫，也是近距离撞见了羚牛，可吓得不轻啊。

出了西河保护站东门，过了新店子河，我和巡护员小宋坐在河边石头上等熊柏泉站长，我们都叫他老熊。他把记录仪忘了，要回去取，于是就折了回去。大概过了五分钟，听到前面竹林传来"咔嚓咔嚓"的声响，好似竹子的断裂声。我们以为是大熊猫，仔细一看，映入眼帘的却是一只羚牛的头，然后是身子，一边走，一边吃竹子。

离我们不到三米，我还没这么近距离见到过羚牛。当下就趴在地上，只是仰着头，一点也不敢动，心跳到了嗓子眼。所幸它专注于进食走路，没有注意到我这个观众。它刚过去，后面又是一只，依然边吃竹叶，边迈步，目不斜视，悠然自得。

我们就趴在坡坎下，用手机拍了几张照片，竹林太密，加之手机调焦不行，照片很是模糊。

向导说，前面那只是母的，后面那只是公的。人与羚牛互相害怕，我们惧怕它，它遇见人更是胆怯。走在林子里要多留意周围动静，早早避让，不要招惹，它是不会主动进攻人的。"天呀，要是我们不等人，一定会与那俩家伙撞上的。我们是同一条路，它们下行，我们要往上走……"我暗自庆幸着。

走到另一处羚牛喝水的地方，我们早早地放慢脚步，轻手轻脚地前行。走近一块大石前，再往前十几米远处，地下涌出一股水，羚牛们中午时分成群结队前来喝水。

中午11点，还不到羚牛的饮水时间。我们停下来，爬上那块石头，朝那里搜索目标。这时，白色巨石旁闪出一个黄黄的家伙，是只成年羚牛。它从坡上下来，要去喝水。我和向导观望，老熊向前走到一棵树后举着相机拍摄。羚牛站在大石旁，静静地对着镜头，好久都没动一下。老熊也定定地站着，彼此都没有受到打扰，一场生命与未来的对话正在羚牛与人之间进行。

也许是它看见了人，也许是在等大部队。它犹豫了一阵后，掉头上坡去了。

返回路上，老熊去看红外相机，落在了后边。我和小宋边走边等，我早早折了根干木竹，一路拿着，想着要是遇上羚牛，实在没法了，就拿竹竿自卫。走到羚牛饮水那个地方，就见到一只羚牛，个头高大，正在低头喝水。我们弯着腰慢慢靠近，相距四米多时，不承想，那只羚牛突然停下来，抬头打量我们。

我的心跳加速，下意识攥紧了竹竿。所幸它只看了十几秒，然后头一撇，耳朵一竖，屁股一扭，调头朝坡上冲去。

地上涌出的水四处漫流，没有一个聚水的滩，羚牛喝起来不方便，只能一点点啜吸，不敢大口饮，否则会把沙子吞进去。估摸羚牛走远了，我大着胆子停下来，用木竹掏了个小水坑，这下它们就能大口畅饮了。但也可能很快被牛蹄踏平，可我还能做什么呢？

和秦岭西河的经历一样，这次也是有惊无险的。羚牛们并没为难我们，见小家伙从石缝抽出了蹄子，就带着跑了。我俩等了很久，直到羚牛没了踪影，才从树上、石头上溜下来。无心再看了，一路小跑着回到白熊坪保护站。

方舟
大熊猫

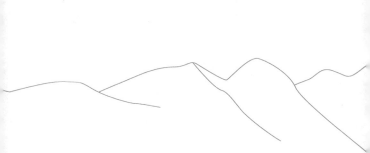

觅踪
三官庙 🌿

我们到三官庙是个阴天，只好先到农户家里访谈，等天晴了再钻山找熊猫。

全国叫三官庙的地方很多，就秦岭佛坪这个最特殊。一条普通山谷，有个迴龙庙，供着天官、地官、水官，分别掌管天、地、水。因大熊猫的存在，三官庙被誉为"熊猫村庄"，变得不普通起来。

三官庙是以大熊猫而名扬天下的。这里是秦岭野生熊猫的伊甸园，是熊猫保护事业者心目中的圣地，这里的野生熊猫分布密度全国最大、可遇见率最高。在湾沟捕捉到首只秦岭熊猫弯弯，抢救成活刚刚睁眼的幼仔坪坪，放归抢救成功的熊猫庆庆，发现文献记载的第5只棕色熊猫七仔；人们在这里拍摄到多只熊猫聚群、争偶、交配、育幼的珍贵

大山雀（叶昌云 摄）

视频；这里还建有全国首个大熊猫野外研究基地；我国第一位为熊猫保护事业献身的北京大学生物系研究生曾周，长眠于此；佛坪第一位为熊猫保护工作献出生命的赵俊军，生前是这个保护站的职工。

三官庙没有学校、商店、卫生所，不通电，看不上电视。看病或上学要到50多千米外的县城或20多千米外的岳坝镇，最近的药店、商店也在10多千米外的大古坪村。

熊猫、羚牛、野猪影响着他们的生活方式：这里土地原本瘠薄，又不能施用化肥农药，产量就不高；不能搞基础设施建设，运输靠肩挑马驮，照明靠油灯蜡烛；居住的是泥土房，里面摆设极其简陋；房前屋后开垦的坡地围上一人多高的篱笆，用于阻挡野兽糟蹋庄稼，可那根本不管用；羚牛多次伤人，有一个村民还成了残废，但无人与它们计较。村民何庆贵说，野生动物毁掉庄稼，他们从没要求过赔偿。国家有这方面政策，可野生动物不是政府让来的，便觉得没有理由要政府赔。

村民们种着枣皮树，往年价钱好的时候还能卖些钱，这几年几乎没人收，即使有收的，价钱也低得很。国家发的退耕还林补偿费，是他们的一个收入。另一个收入来自向导费，一年为客人找熊猫能得到报酬5000元左右，也有收入1万多的，这种机会极少。当向导钻山对体力消耗大，是年轻人的事，年龄一大就跑不动了。有几家养了马，把游客的行李从凉风垭驮进来再运出去，钱赚得辛苦，还

黄颈啄木鸟（何屹 摄）

不稳定。不过国家林业和草原局已经禁止除科研工作者外其他人员进入，这两项收入也大幅减少。村民家家喂猪，年底杀了熏成腊肉管一年，吃肉不花钱，等于把钱省了。

走进农户家，听他们讲熊猫进农家的事儿，足足叫我兴奋了几天。有村民说，熊猫往往趁着没人时进来"捣乱"一番，把厨房的炊具弄得"哗哗啦啦"遍地都是，铁锅、木桶全成了它的玩具。熊猫手重，有时就把家什整坏了，玩兴过后才回到山林。有时竟然来农家看电视，偷吃放在灶头的馒头、稀饭，甚至赶走正在孵蛋的母鸡，把一窝蛋吃个精光，心满意足地开一次荤。

张安新家在保护站旁边，大熊猫是他家的常客，经常来他家厨房偷吃呢。媳妇九香说，一只熊猫迷了路，困在她家院中，丈夫张安新二话没说，上山砍了竹子招待这位贵客。待了一夜，第二天熊猫走时不停地回头望望，感谢主人的盛情款待呢。九香曾带人看熊猫睡觉，挣了几百元。有的记者干脆把摄像机架在他家猪圈栏杆上"守株待兔"，竟然拍到了金丝猴、羚牛、野猪、金鸡。

听说一头雄野猪，没在山林里谈下"对象"，趁着夜色已深，大着胆子走进村子，嗅着空气中弥漫的特殊气味，来到这家猪圈外。圈里一头母猪正在发情，焦躁地转来转去，放肆地哼哼着。雄野猪的欲火一下子被点燃了，不顾一切地跳进去，冲到母猪背后，猛地爬了上去。天亮前，雄野猪满足了，这才奋力跳出去，溜回山里睡大觉了。

母猪也是适意地躺下来，睡得正香甜，却被主人拉去配种。大出主人意料，母猪总是不待见，不配合公猪。只得拉回圈里，等着再次发情。心里却是懊悔，怪自己懒了一天耽误了一窝猪仔，损失几千元。哪知4个月后，母猪生了8只长相丑陋的小家伙，皮毛乌黑，带着斑纹。主人经见多，识出是家猪与野猪的"混血儿"，高兴地拢不住嘴巴。后来，这窝猪仔卖了两千多元，是家猪仔收入的两倍。原来野公猪也能做好事，打那以后，母猪一发情，他就往山上赶，每次不落空。

村民们是住得偏远些，见识却不比外边人少。这里经常来官员、科学家、艺术家、新闻记者，甚至是高鼻子、蓝眼睛、操着一口叽里哇啦语言的外国人。他们要在村民家吃饭住宿，要请村民带着进山找熊猫。长期以来的感知与熏染，让这里的村民熟知天下大事和动植物知识，个个都是兽类专家、鸟类专家、博物学家。也有村民学得一些外语，能与外国人简单对话。虽说是夹生语言，却也把外国人唬得一愣一愣的，他们是惊讶于中国的这个小山村，惊讶于这群穿戴不起眼、懂得他们语言的村民，惊讶于萌宝宝大熊猫，就不断地竖起大拇指。那神情，也是极肃穆、极敬重的。

除过听趣事，还到何庆贵家吃了一顿可口而难忘的饭食。穿过一座吊桥，眼前呈现一片村落、几户人家，绿树掩映，炊烟袅袅，雾霭映衬下的篱笆老屋分外恬静，一种恍若隔世的感觉涌上心头。院坝里一只大公鸡玩着金鸡独立，一头小猪在后面观赏。一只母狗喂哺小狗，小家伙们在母亲怀里争夺奶头，它们的父亲趴在墙角打瞌睡，间或懒懒的望我们一眼。

何庆贵媳妇见丈夫领来了客人，热情地为我们一人冲了一碗蜂糖水，浓浓的淡血色，似乎不是蜂蜜酿成的花之蜜，而是蜜蜂吐出的"血"，啜一口，心里甜丝丝的。我一点点吮吸，含在舌尖，慢慢品尝，细细回味。浓浓的山花弥漫的香气，深深的万物萌生的甜味，迅速从舌尖蔓延到肺腑，闪电般传遍全身。这种醇厚的甜味是秦岭独有的，是秦岭百草之花的精髓，千万只秦岭蜜蜂辛勤劳作的吐血之乳。

蜂蜜是老何家自产的，屋旁摆放着一

圈蜂箱、蜂桶。佛坪人有养蜂习俗，多养土蜂。饲养方法简单，把一米多长的粗木头，劈为两半，中间挖空，四周凿开几个小孔，再合上，用绳子固定住。现在多用蜂箱，是用木板钉成箱子，打几个小眼，供蜜蜂出入。蜂箱、蜂桶放在屋檐或坡坎下面，任其自繁自养，一年取蜜一次，产量不高，营养却高得很。

秦岭山大花繁，每年春天山花怒放，像充满野性的山姑娘毫不遮拦地展露自己，四处散发着森林之花才有的香味，吸引着蜂蝶采蜜扑粉。秦岭山花没有污染，原始纯净，好些树和草是天然药材，蜜蜂采花酿出的蜜有药效，有"百花健身蜜"的说法。老何媳妇说，十多年前几个西安人上山旅游，误食

大熊猫秦岭亚种（刘思阳 摄）

蘑菇中毒，其中一个吃得少中毒轻，跟跟跄跄跑来，喝了她用开水冲的蜂蜜水解了毒，又带回一电壶热乎乎的蜂蜜水给同伴喝，方化解了危难。

我们拉着话，老何媳妇是做饭能手，手脚麻利地烧火、洗菜、切菜、炒菜。很快菜就摆了满满一桌子，依次是炒土豆丝、蒜蓉灰灰菜、爆炒麂子肉、红烧野猪肉、竹笋辣子鸡、粉皮炒腊肉、黄花香菇炖土鸡、凉拌石竹笋、木耳炒鸡蛋、豇豆炖猪蹄。菜都是当地产的，凉拌的热炒的很丰盛，好吃得很。一盘菜还没消灭完，她赶紧添上，盘子总是满当当的。酒是自家酿的苞谷酒，加了蜂蜜温好，入座一人一杯干掉，酒劲很冲，甜甜的有点苦味。我不善于喝酒，架不住主人的热情，干就干了，互敬几轮后，便已飘飘然脸红如关公，只好埋头吃饭了。主食是玉米粥，里面煮着土豆，就着炒酸菜，好吃极了，一阵风卷残云，我就把两大碗干掉了。

腊肉，我在佛坪县城吃上了瘾，一天不吃心里痒痒。老何媳妇做的腊肉，比那些饭馆的好吃多了。这儿农户每年腊月宰杀年猪，供自家食用，佐餐下酒宴客送人离不了。

吃喝得高兴，我们叫老何唱民歌。他没推辞，"咣"地喝了一大盅，夹了块腊肉塞在嘴里，"咕噜"咽下去。

歌声如蜂蜜，像苞谷酒，在漆黑的土屋萦绕盘旋，由低沉到高亢，由嘶哑到清晰，欢畅着率真着。

一劝姐，初当家，五谷杂粮莫抛撒。

月儿弯，弯儿月，抛撒五谷招雷打。

二劝姐，要听劝，公婆劝你莫黑脸。

月儿弯，弯儿月，莫把好心当恶言。

三劝姐，学温存，丈夫说你笑盈盈。

月儿弯，弯儿月，伸手不打笑脸人。

四劝姐，客席坐，淡酒三杯要少喝。

月儿弯，弯儿月，酒后失态惹人说。

五劝姐，种棉花，棉花地里套冬瓜。

月儿弯，弯儿月，没事不要说闲话。

六劝姐，要公平，大秤小秤莫亏人。

月儿弯，弯儿月，要学修桥补路人。

七劝姐，妇道高，养个儿子勤指教。

月儿弯，弯儿月，养个女儿双手巧。

八劝姐，莫行恶，恶人必定有恶果。

月儿弯，弯儿月，翻山传名有阳雀。

九劝姐，要孝顺，孝顺父母天看成。

月儿弯，弯儿月，要学王祥卧冰寒。

……

当地流传着各种民歌，种类繁多，浩如瀚海，丰富多样，优美动听。善唱者有翁有妪，有老有少；韵调带有蜀楚声韵，既有楚文化浸润的江南特色，又有雄壮粗犷的北方风格，浓郁着乡土气息。

曙光还未升起，耳边就传来阵阵鸟鸣，骤急如筛豆子，打破清晨的宁静。我穿衣起床，信步走出保护站院子。薄雾款款，青山隐于其间，清幽润泽。院门外是一片平展展、绿油油的草地，缀满星星点点的野花，含着轻露，鲜润欲滴。草地两边就是树木、竹林，鸟儿们在那里沐浴晨曦，梳羽理翅，招引伴侣，尽情高歌。

大山雀高高站立枝头，"嗞嗞规——嗞嗞规——"叫声尖锐细微，清纯甜美，富于韵味。大山雀形体比麻雀还小，却是山雀中的大个子，头戴黑冠，唯有脸部一片白，行动敏捷，如一群快活的小精灵。黄腹山雀"嗞规——嗞规——"的声音连续而尖细。棕头鸦雀一点儿也不贪睡，十来只一群，竹丛间"吱—吱—吱"地叫着，边鸣边跳，十分忙碌。

黄鹂羞答答躲进树荫，鸣声圆润流畅，清脆悦耳，如行云流水般动听。它们箭一般穿梭着，金光闪闪，转瞬即逝，宛如流星。灰胸竹鸡橄榄褐色，与地面颜色极似，"呱呱咕——呱呱咕——"地叫，不知道它们身在何处，那连绵响亮的叫声却暴露了自己。

啄木鸟发出"笃—笃—"声，远处可闻，这也是它们繁殖期求偶占区的信号。它忙着击打树干，干枯的声音刺透山林的宁静。它用爪子紧紧地抓住树干，用尾巴支撑着身体，凿子样坚硬有力的喙，有节奏地敲着，逮着声音琢磨。若是声音沉闷，它就快速飞到另外一棵树上。要是响声空洞，便是有美餐等候，会毫不犹豫地将直而有力的嘴啄向树干，直到敞开一个酒杯粗细的洞。它的舌头细长、且带有黏液，伸进去，就把害虫叼出吃掉了。

林中百鸟齐鸣，柳莺的体型最小，嗓门却最大，婉转动听，顺耳舒心。忽听得一声陌生的叫声，清亮而高亢。河乌，身着黑褐色羽衣的"歌唱家"，飞出来落在离我不远的树枝上，尾羽不停地上翘。河乌是真正的水边居民，一生伴水而居。三官庙的人说，他们很少见过河乌的巢，那巢藏得极隐秘，往往让人意想不到。

农家屋檐下的燕子睡醒了，把头伸出泥巢口，发出单调轻微的短哨声。不久便三三两两冲向蓝天，那剪刀似的尾翼在晨曦中划出优美的弧线。历代诗人咏燕子的诗句很多，如刘禹锡的《乌衣巷》云："朱雀桥边野草花，乌衣巷口夕阳斜。旧时王谢堂前燕，飞入寻常百姓家。"又如李白的《双燕离》曰："双燕复双燕，双飞令人羡。玉楼珠阁不独栖，金窗绣户长相见。"

太阳出来了，升腾的雾气和着金色的光芒，醉人的山林更加光彩夺目。我独自坐在东河边，轻轻闭上眼睛，沉醉在鸟儿的合唱中。我又听见一阵阵酷似笛鸣的叫声：枝头两只鸟，正在一唱一和。那是佛坪绿鸠，是以佛坪县命名的特有种，雄鸟上下背暗绿色，雌鸟上背绿色，下背暗绿，形似野鸽，有些纤瘦。

是时，我为一只画眉嘹亮的叫声所吸引。画眉是鸟中歌星，扎在一根竹枝上，头高昂，尾内勾，鸣声急促，如同两个南方女子吵架，响亮多变，悠扬婉转，高低起伏。

匆匆吃过早饭，我们带上干粮就往火地坝进发。沿途树木高大，栎树、山柳、山杨、漆树、油松、铁杉，纷纷向远处径直排去，直至山脊，郁郁葱葱封闭了天空。林间巴山木竹顽强地挺起头来，尽情展现它的浓密与碧绿，个个有酒杯粗细，见缝插针，丛丛簇簇，挺拔俊俏。林下幽径蜿蜒，绿树如盖，路两侧草木葱茏，路面落叶掩尘，空气洁净清新。

　　"这条路上'花熊'特别多。我十几岁时从这里走，运气好的时候一天能看见好几只。你们看，那个崖洞——"向导指着路边山崖下一个黑乎乎的洞穴说，"那洞里住过熊猫。"我们问现在里面有没有，他回答熊猫深秋产仔时才住在洞里。

　　这儿是秦岭大熊猫分布的核心区，每年冬天山林落雪，开春竹笋萌发，熊猫就到低山区找竹笋或嫩竹吃，人们很容易见到。

有年冬天，高寒山区落了厚厚的雪，吃食少了，一只饿慌了的熊猫，夜里转悠到向导家里来了。雪下得很大，向导正在烤火，突然听见拍打木门的声音，时大时小，时停时响，很是沉闷。他们以为是狼，操起扁担、锄头，准备撵跑它。

向导趴在门框边仔细倾听，好像不是狼，狼的声音他太熟悉了。大约过了半小时，外边没了声息。约莫一袋烟工夫，还是没有动静。忍不住好奇，他决定出去看个究竟。媳妇、孩子攥紧锄头，立在两边，他右手拎着扁担，左手抽开门栓。门开了，屋里的光亮窜出来，划破了黑漆漆的夜空。那道两米见方的菱形光柱里，矗立着一个黑乎乎的大家伙，就在门口，距他不到半米。它身上的腥味直冲进他的鼻子，差点把他吓晕了。那怪物特别肥憨，见人亦不害怕，大摇大摆地钻进屋来，坐在火堆旁。他们这才看清楚原来是熊猫，天太冷，它想进来取暖。

他们赶紧拿出苹果、蔬菜招待这位"贵客"。它立刻尝出这东西好吃，高兴得像个七八岁的孩子，边吃边得意地哼哼着，竟把一大堆蔬菜和十几斤苹果吃个一干二净。吃完，舔舔嘴角，用脚掌挠挠腮帮，打个滚儿，伸伸懒腰，探出前掌，继续索要……

"不是说熊猫专吃竹子吗？"我问道。

"熊猫是挑食得很，可也吃肉呢。"向导说，熊猫在竹林里生活，竹鼠也在竹林里过活，按说它们是近邻，理应和睦相处才是，可熊猫对竹鼠非但不友好，还当作打牙祭的美餐哩。

　　跟着向导脚步放轻，耳朵竖起。每走过一片竹林，每遇到一坨动物粪便，每听到一下响动，我们都会停下脚步仔细聆听。或是兔子、松鼠从身边溜走，或是雉鸡从头顶飞过，我们的期待一次次落空。惊喜往往就在一瞬间，穿行在郁郁葱葱的箭竹林，猛然抬起头便看到一只成年苏门羚，相距十几米，它似乎在发呆，只是用一双好奇的眼睛打量着。我们也停下来，静静地望着它。这种友好与惊奇，就在彼此间悄悄地传递。

　　中午的时候，来到李家沟。熊猫活动的痕迹多了起来，不少竹林被啃食得枝叶狼藉，密密的草丛有宽大的掌印；路边时不时地躺着一团团纺锤状粪便，有的被雨水打散，有的仍

大熊猫（邓建新 摄）

然新鲜完好，那是刚刚留下的。粪便呈淡绿色，形似纺锤，拳头大小，直径四五厘米。我捡起黏糊糊的一坨凑到鼻子跟前，深吸一口气，一股竹子的清香滑进鼻腔，夹着淡淡的消毒药水味。我很是奇怪："怎么一点也不臭?"向导为我解开了谜团："熊猫一辈子在为嘴巴忙活，竹子营养价值很低，它们的个头又那么大，只有多吃才能维持体力。它们的肠子短，竹子在里面停留的时间很短，大部分还没来得及消化就已排出来。没有经过发酵的竹子，自然带着原始的清香味。向导捡起一坨，粪便可能没有黏力，轻轻一捏就散了。他说，这只熊猫可能感染了蛔虫，那些专家们往往根据粪便颜色、残留竹节的长短来判断熊猫的年龄和健康状况。

我们激动起来，步伐开始放慢，睁大双眼探寻目光所及之处。向导说熊猫吃竹笋后，粪便呈淡黄绿色，松软易碎，易变色；食竹茎后粪便呈淡绿色；食叶和枝的粪便为绿色，清晰可辨，不易变色。他指着一坨两头尖、中间圆的暗绿色粪便说："有只成年熊猫在我们上方活动。"我们问他怎么知道的。他回答："这是刚刚拉下的，还冒着热气呢。粪便里面精细竹末多，看来它的牙口好，正值壮年。新鲜的粪便形状往往能暴露它们的行踪，一头较圆钝，另一头较尖长，较尖那头的指向就是熊猫前行的方向……"

　　向导说，他曾陪一个英国摄影师来看熊猫，那个摄影师守候了好一阵子，终于见到一只，拿起摄像机一阵狂拍，见熊猫不动，一副温柔模样，摄影师逗趣地把录音话筒递过去。熊猫一点不恼，以为是什么好吃的，一把夺过来，咬了一口，把话筒啃出几个大窟窿。这才明白话筒不是什么美味，熊猫很生气，使劲把话筒扔出去。话筒掉下悬崖，报废了。向导"嘿嘿嘿"地笑了，我们也开心地笑了。

说话间，向导突然停下来，向身后做出个嘘的手势，轻手轻脚地爬上路边山坡。不大一会儿，他跳下坡来，轻声说："竹林里边有熊猫——"听到这话，我们激动无比，撒开步子，恨不得冲上去一睹"芳容"。向导赶紧摆手制止："等一会儿，它们离我们还有一里地，心急吃不得热豆腐哩……"

这时，竹林里传来一阵阵低沉的、如同

狗叫般的"嗷嗷"声。向导侧耳倾听，小声说："是两只公熊猫在示威，警告对方回避让路呢！"向导说，眼下这个季节，正是熊猫发情期，遇到不下雨的阴天，熊猫就开始四处走动，忙着找对象谈恋爱。它们俩是为求偶较劲，接下来就该一展身手，滚在一起打架了。"别看熊猫平时活动非常警觉，打起架来却很专心，人到了跟前也不歇手。"听了这句话，我们都在心里默默盼着它们快点"动手"。

一个队友突然失去重心，"扑通"一下摔倒在地。响声惊动了怒目相视的熊猫们，一阵"哗啦啦"的声音随即传来，密实的竹林跟着剧烈晃动起来。我们顾不得多想，撒腿就朝声响处跑去，熊猫们早已不见踪影，只有被折断的竹子杂乱地躺倒一地，没断的也歪七扭八。

我们很是失望，却被几声尖利清脆的"嘎叽、嘎叽"声吸引。只见几只毛色艳丽的金鸡在林间空地上跑前跑后，忙着追逐异性。它们展开五彩斑斓的羽毛抖动炫耀，像极一团团跳动的火焰。金鸡学名红腹锦鸡，是秦岭里的鸟中"凤凰"，英俊华丽，惹人爱怜。没有打搅它们，我们绕道而行。

第二天继续寻觅，我们在竹林中穿行，不时弯下腰，有的地方要爬过去，还要防着竹茬扎手，背包老是被树枝挂住。竹林密不透风，汗水从额头淌下来，内衣裤子都湿透了。

天空干净得连一丝云都没有，只是被头顶的树叶划出一方方地图。我们来到一片桦木与栎树混生的树林，听到枯枝的断裂声，寻声望去，熊猫妈妈正和幼仔待在一棵树上。熊猫妈妈似睡非睡，斜倚着树干闭目养神，而这只约8个月大的幼仔一刻也不安宁，爬上翻下，一会儿沿树干练习走平衡木，一会儿骑着树权晒太阳。小家伙离地面有20多米，我们的心都提到了嗓子眼，生怕这个可爱的小家伙摔下来。渐渐地我们不担心了——别看它举手投足似乎很笨拙，可它走得稳稳当当，还不断地做些惊险动作，渴望得到妈妈的夸奖。

我们都没出声，自以为隐蔽得好，哪知早已被熊猫妈妈敏锐地觉察出来，龇着牙示威，迅速带着孩子爬到枯树最顶端。过了好一会，它头朝上溜下树来，一转身迅速钻进竹林。熊猫妈妈走了几步又回过头望望，引诱我们去追。我们识破了它的企图，就蹲在原地，盯着树上那只幼仔。幼仔还趴在树杈上一动不动，像是在装死呢。

前方不远处，熊猫妈妈把竹子整得"哗啦、哗啦"响，还发出"嗯嗯"的叫声——熊猫妈妈在呼唤儿子呢。小家伙立即睁开惺忪睡眼，屁股朝下，顺着树干，"哧溜溜"滑到地上，钻进石崖上一个石洞。熊猫妈妈跑过来，将石洞里的孩子喊出来，母子俩很快消失在竹林。

返回保护站的路上，我们在一条幽深的峡谷，看到旁边土坡上有新翻的泥土痕迹，石头被掀翻，小树被拔得东倒西歪。我们屏住呼吸，定睛细瞅。山坡上有头锈褐色体毛、与家猪十分相似的野猪，它将披毛稀少的尾巴翘起，尾尖打个卷儿。

对于它的行为，我们都很莫名。向导悄声说那是野猪用尾巴的活动形状来发警报，告诫同伴遇到危险赶紧躲避。果然，前面传来一阵杂乱的声音，声音向东而去，越来越小。

向导说，野猪的凶猛，便是老虎、黑熊、狼也得让几分。成群的野猪不可怕，哪怕把你围在中间也没事的。单个野猪却异常凶狠，一旦遇见不能慌张，先原地不动，不能蹲下，这对它意味着进攻信号，不要刺激它，要面向野猪慢慢倒退，直到退出它的视野。要是野猪追来了，最好往山下跑，野猪跑下坡路太快时会伤了蹄子；再不然就爬上至少碗口粗的树，野猪锋利的牙齿能咬断小树；要么站在原地不动，等野猪冲过来时迅速闪开，野猪就那一猛头，从来不回头的。他说，前些年村里狗多，七八只狗能围住一头三四百斤重的野猪，野猪跑不掉了，便退到坡根前，把屁股抵着坡，不动弹，狗也不敢扑过去，只是围着狂吠。

野猪虽然凶猛厉害，却害怕豺狗，真是一物降一物。豺狗的模样像狗又似狼，个头不大，擅长团队作战，很讲究战术。豺狗是武林高手中的"下三烂"，最拿手、最致命的套路是掏猎物肠子，技艺娴熟，几乎从不失手。这手段显得阴毒、上不了台面，可它们不管这些，只要能把猎物弄进嘴里，你们怎么说都行。

向导的爷爷亲眼见到一群豺狗围住一

头野猪，野猪且战且退，一直退到田坎下，把屁股紧贴在土坎上，保护着要害部位。群豺只是围着，并不进攻，而后有两条豺跳上田坎，伏于野猪身后。野猪把全部精力都用来对付正面攻击，没提防后面的阴险伏击。一条豺突然跳下来，落在野猪右前膀，迅疾地伸出前爪，抓破野猪右眼。野猪疼得直叫唤，发疯似的乱撞乱跳。另一条豺瞅准时机，蹦下来抓瞎野猪左眼。正面进攻的豺跃上来给肛门一爪。几个回合，野猪肛门便被抠出个大洞，鲜血粪便直流。一只较大的豺跳上猪背把肠子掏出来。豺狗们拉的拉、咬的咬，把野猪的肠子拖出老远，野猪很快就停止了挣扎。

向导说野猪糟蹋庄稼，可比獾、熊厉

害多了。村民们辛辛苦苦种下的庄稼，稍不留神，一夜间就让它们给毁了。成群的野猪结伙出动"扫荡"，趁着夜色进入玉米地，撞倒玉米秆挑选玉米棒子吃，碰到颗粒不饱满的不吃，见到好的啃几口就扔掉。一夜间，一群野猪足以把几亩、几十亩庄稼糟蹋了。与野猪"战斗"可不是件浪漫的事。人们想尽办法，在庄稼地边围上篱笆，在地里插上穿着旧衣服的草人，夜里点火、吹号、敲锣、放鞭炮。这些手段都用了，根本制不住这些刁蛮凶猛的家伙。秋天"猪害"才叫严重呢，它们成群结伙，横冲直撞，连吃带拱地，硬把村里人家的玉米吃光了。玉米棒子刚刚灌浆，野猪就来了。人们点上火把，拿着棍棒，牵着黄狗，敲起脸盆，大声吆

野猪（巫嘉伟 / 摄）

喝，想吓跑它们。人一靠近，它们便溜了；
人前脚走开，它们后脚又来，和人玩起"捉
迷藏"……"拉锯战"持续了三个晚上，第
四天晚上他们不去了，野猪已吃光他家的玉
米，转移到另一家地头。

　　向导开始抽烟，浓重的烟雾包裹了他。
沉默好久，他的情绪缓过来了。对于庄稼人
来说，再悲苦的命运，再艰辛的生活，都默
默地承受了。野猪吃光了今年地头的玉米，
第二年还会种上玉米，不会让地荒着、手闲
着，大不了叹一声"俺命悲哩，摊上了野
猪"，之后该干啥还干啥，这就是庄稼人。

　　"为啥不拿枪打？"我问。

　　"枪早让政府收了。其实野猪也有好处
哩，有些野公猪胆大，乘着夜深人静蹿进猪圈，与家养母猪'亲热'，产下一窝杂交猪。这些猪仔虽说长相难看，但是不染瘟疫、生长快，瘦肉多，价格高。村里每年都有几起野猪与家养母猪交配怀孕的事，给俺们增加了不少收入……"

大家松了口气，又继续在悬崖竹林间攀缘前行。约莫过了个把小时，已是黄昏，我们到了个地势开阔平坦的地方，这里向阳避风，竹类蔓生。我们坐下歇息，吃了干粮，喝了泉水。林间太阴，不可久待。准备起身时，突然从旁边山坡传来一阵山崩地裂般的响声。一群野猪嚎叫着从密林深处冲出来，沿着山坡向西狂奔。它们龇牙咧嘴，瞪着眼睛，锋利的獠牙上挂满野草。这群野猪有十多头，一字排开，朝前冲去。颜色多

为黑色，也有麻灰色、棕色和白色的，发出
"杭—杭—""杭唷—杭唷—""哼—哼—"
的声音。向导示意大家趴着别动，要是让野
猪发现了，可就有危险了。野猪所经之处，
小树歪倒，草类尽折，石头翻滚，有几块落
到了我们身边……

　　野猪弄出的响声消失了，山谷又恢复了
宁静。浮上我们心头的惊惧，却如万能胶粘
贴在身上，怎么也扯不下来。

　　山林寂静无声，偶尔飘来一两声清脆
的鸟鸣，更显出这片林子的幽静。又穿行了
两个多钟头，我们准备坐下歇气，却有一
阵"沙沙沙"的声音，伴着"嘎唧——嘎
唧——"的叫声，很细碎地滑进耳朵。

　　"前面有一群金鸡，咱们去看看——"

金鸡双腿细长，善于奔走，速度极快，受惊时先急促奔跑，后展翅飞翔。雄性常在岩石间徘徊，主动出击捕食；雌性大多蹲伏窥视，等待时机，以突袭方式获食。

每年4月是金鸡繁殖季节。雄鸡在山谷间频繁鸣叫，彼此呼应，经久不息。雄鸟以英俊华丽、五彩斑斓如锦的羽毛，招引雌鸟，互相追逐。雄鸟间为争夺配偶，展开激烈大战，格斗异常凶猛，场面惊心动魄，甚至斗得羽毛脱落，头破血流。向导曾见过两只雄鸟格斗的场面：它们虎视眈眈，充满杀气，面对面摆开架势。双方跃起身体，扬起强而有力的利爪，张开尖利如锥的嘴锋，猛烈抓啄对方，弄得尘土飞扬……搏斗持续十几分钟，直到失败者落荒而逃。获胜者迅速奔向

雌鸡，绕着"心上人"跳跃急驰，站在"心
上人"对面，跳起邀请舞，竖起羽冠，展开
橙棕色披肩，现出背上金黄色的羽毛，闪耀
着深红色的胸羽；靠近"心上人"时翅膀徐
徐低压，另一侧翅膀翘起，发出轻柔的鸣叫
声，倾吐情话。

　　我们目睹了它们漂亮的身姿，屏住呼
吸，蹑手蹑脚地靠拢过去，前方约十米远
处，1只金鸡神气地踱着步，鲜艳的羽毛格外
显眼。一只，两只……我下意识数起来。16
只色彩斑斓的金鸡呈现在眼前，10只雌的，
6只雄的。雄性体形略小于家鸡，头顶金黄
色丝状羽冠，颈披橙黄色扇状羽毛；毛色鲜
亮，上背深绿，下背金黄，胸腹朱红，头、
背金光闪闪，下体鲜红夺目，拖着长长的尾

红腹锦鸡（叶昌云 摄）

羽。它的美是语言无法描述的，那一刻我感到自己语言的贫乏与苍白。

它们沿着竹林边缘向山坡移动，不停地刨着地上腐烂的树叶、杂草，翻捡着可口的美味，不时发出醇厚悠长的鸣声。雄鸡们三五只一起，不停地围着一只雌鸡打转，炫耀自己的羽毛。

金鸡是一种非常漂亮的鸟，有"鸟中美人"之称。它们拖着美丽的大尾巴，凤凰一般，嘎嘎叫着，活跃于秦岭。三官庙金鸡很多，走在山路上，随时都会遇见。它们不避人，常飞到农家门口，在院坝踱来踱去。村民将其视作吉祥之鸟，从不伤害，有时还给饿极了的金鸡喂自家产的粮食。

我们继续寻觅，大半天过去了，突然

向导气喘吁吁地跑过来，激动地说，有一只熊猫就在上方这片竹林里觅食。我们一下子弹起来，跟着向导往竹林里跑。向导告诉我们脚踩在泥土上不要弄出响声，熊猫最怕竹子折断的声音。我们用竹棍把地上的树叶拨开，只见一行脚印弯弯曲曲地延伸至竹林深处，趾尖向内，看上去有点模糊，好像穿了一双鞋子。我疑惑地问向导咋听不见熊猫走路的脚步声，他轻声回答："熊猫轻手轻脚的，脚掌上长着长毛，减弱了走路时的声响……"

竹林里窸窣作响，一个毛茸茸的白脑袋映入眼帘，一只半大熊猫在离我们10米外嚼食竹子。向导一再提醒不要踩断脚下的枯枝，以免影响熊猫进食。阳光刚好斜射在河沟对面的坡地上，箭竹不停晃动，黑白分明的色块不时显露，但大部分身体却仍然被箭竹和杂木挡着。我们慢慢跨过河沟，钻过竹林，屏住呼吸，小心地摸到5米开外一块大石头后面，一动不动地趴着，透过不算太密的竹叶缝隙静静地观察。只见它扯过一根竹子，用胖乎乎的前肢将竹竿上半段拉入怀中，向下方拖送，直至竹叶到嘴边为止。然后偏着圆滚滚的脑袋，青黝黝的嘴巴一张一合，挑食着竹叶、竹茎，把竹子弄得哗哗作响，吃一阵还慢悠悠抬头四处张望一下。有时竹子太高拖拉不动，它就将竹竿咬断几节，把竹梢拖至胸前，用右前肢捉住竹叶，用门齿从叶柄部咬断，衔在右边嘴角，待攒到有十几片，再用左前肢从右嘴角取下，握住成筒状，像人吃煎饼一样逐段嚼食。它伸出前肢靠力感挑选头年生的嫩竹。先抓住竹竿轻轻一摇，以其顶部枝叶多少的动感判断，选中的都是动感小、竹叶多的嫩竹。嫩竹茎皮薄，内含木质和纤维素多，嫩软，易咀嚼。

"你晓得熊猫怎么握竹子？"向导随口问，没等我回答，就又说起来，"熊猫的'手'除了五个'指头'，还有一个籽骨，又叫伪拇指，能像人的手一样握东西……"

我问他怎么懂得这么多，他很自豪地回答："早年我给雍严格高工、魏辅文院士当向导呢，把这里走遍几十回了。"

方舟
大熊猫

白　　　水　　　江

白水
江

甘肃省南端，有一条河叫白水江，从岷山中段郎架岭热莫克喀出发，由南向北，再从九寨沟县大录乡拐向东南，沿途吸纳着中路河、马莲河、白马河、丹堡河好多支流河溪，就像人的血管，滋养着两岸的群山，也滋养着众多生灵，诸如大熊猫、金丝猴、羚牛、豹、珙桐、光叶珙桐、银杏、独叶草、红豆杉、南方红豆杉。

我辗转多地，从成都乘8个小时火车，半夜到陇南，待到天亮坐4个多小时汽车，才到了两山夹峙、一江涌流的文县县城。大熊猫国家公园白水江管理分局，就设在县城北端、白水江右边。在那个办公室，见到了负责宣传的李瑞春先生，我们因为很熟悉便称他"老李"，顾不得寒暄，就听老李介绍起来。

文县躺在岷山怀抱，西枕陕南，南联川西，被誉为鸡鸣三省之要塞、得陇望蜀之咽喉。岷山北起甘肃岷县，南达四川峨眉，南北逶迤700余千米，是我国六大山系中野生大熊猫分布数量最多的山，占到总数的四成以上。

老李先展示了一段大熊猫"野餐"视频，引起我的极大兴趣。视频中，一只大熊猫席地而坐，惬意悠闲地吃着缺苞箭竹——缺苞箭竹分布于海拔2100至3100米之间，是当地野生大熊猫主要的食物。它坐在茂密的竹丛里，眼睛盯着竹子，挥动着两前肢，专心享受着可口大餐。它用左前肢握住一株高高的竹子，把它弯过来，送到嘴边，用门齿将竹叶一片片咬下，衔在左嘴角。积攒十几片后，右前肢伸过去捏住竹叶，嘴巴蠕动着，把竹叶卷成一个筒状物，像人吃煎饼一样，一口一口地送进嘴里咬啮和咀嚼起来。

老李说，大熊猫是个货真价实的"吃货""大胃王"。经过漫长的进化，大熊猫已经转化为素食主义者，可历史的胎记改不了，好比乌鸡是乌到骨子里的。它还在食肉目待着，保留着食肉类动物的消化道结构，胃容量小，无盲肠，肠道短，约为体长的6倍左右；而食草动物消化道通常为体长的15倍，甚至达到25倍。竹子能量很低，纤维素、半纤维素和木质素占到70%～80%，蛋白质、脂肪和可溶性糖仅为20%～30%。消化道短了，食物滞留时间相应变短，往往还没来得及吸收便已排出体外。它们采取的对策是快着吃快着拉，边吃边排便，吃饱就睡觉，睡醒接着吃。

　　"大熊猫一天能消受多少竹子？"老李没等我回应，接着说，"成年大熊猫每天花12～14小时进食，能吃43千克去壳的竹笋，人工喂养的日进食量可达76千克。它们不是貔貅，通常边取食边排出，每10～15分钟一次，1～3团，纺锤状，两头尖，中间粗，闻起来香香的。食竹叶每天排便120多团，食笋可达180团，平均日排便100团，每团重约200克，平均每天20千克以上。大熊猫是一辈子忙了个嘴巴，吃饭占用时间太多，没空冬眠搞社交，除过繁殖期、养育子女，素常不与异性来往。所幸在四川、甘肃、陕西大熊猫生活的地方，竹子品种多，分布广，产量高，食源竞争对手很少，大熊猫的食物选择真是太聪明了！"

　　"我们安装了700多台红外相机，拍到了

大熊猫好多珍贵画面，网上红得很，"老李还专注于大熊猫文化研究，有自己的独到见解。他认为，当大熊猫蜷曲身体时，背白、肢黑似一幅太极图。太极是中国道家文化史上的一个重要范畴，《易传》：易有太极，是生两仪。两仪生四象，四象生八卦。从弱肉强食、适者生存的自然法则分析，大熊猫就是"和谐"的动物，表达着以和为贵、合舟共济、和睦相处、人和外顺等深刻的处世哲学和人生理念，契合着古老的太极文化蕴含。它的核心价值是"物竞天择、和谐共荣、友善包容"。

这让我想起《雅安日报》编委高富华对大熊猫文化的解读：如果用一个字概括，那就是"和"；如果用四个字概括，那就是"和平友好""和善坚韧""和谐相处""和气致祥"。

原始阔叶林（黄耀华 摄）

"和"，是中国传统文化的精髓。大熊猫，可谓天生的中国文化使者啊。

"大熊猫数量少，居住很分散，单靠我们这点保护人员远远不够，当地民众发挥了大作用……"老李深有感触地说，接着给我讲起早年白马藏族人关爱大熊猫的事。

跌堡寨是一个白马藏族居住的山寨，三十来户，一百余人。居住在跌堡寨的班福生60多岁，精神矍铄，性格开朗，与大熊猫交情深厚。

1983年5月的一个早晨，班福生准备去后山砍柴火。他在腰部绑上绳索，出门径直朝后山赶。走了约莫一个小时，猛然抬头看见一只小小的熊猫骑在树杈间，不停地发出"嗯嗯"的嘶鸣声。看了看周围，不见熊猫妈妈的影子，老班分析小家伙可能是和妈妈出来玩耍时，被树杈卡住了，急忙上前把它救下来。小家伙也不认生，使劲往他怀里钻，老班抱着熊猫幼崽焦急地等待熊猫妈妈回来，可是一直等到中午也没个结果。

为了小家伙的安全，老班把它带回家，制作了一个笼子，铺上棉絮供它休息。小家伙特别乖巧，给它喂奶粉时，它就会坐起来，张开毛茸茸的小嘴眯起眼睛等着。老班每天早晨上山砍100多斤新鲜竹子。每次背着竹子回来，它都显得特别兴奋，用嘴咬老班裤管，用头碰他的腿。有一回，老班背着竹子刚进院子，它就立刻冲过来，连人带背篓扑倒在地上。老班顺势抱着它的头玩闹，被它舔了一脸口水，腥得老班差点闭了气，可他一点儿不恼，依然笑哈哈的。

白马人班福生抢救大熊猫的事迹传播开来，吸引了不少画家、作家、记者前来采访。那段日子，跌堡寨就像过节，人们跳起欢快的锅庄舞，用特有的方式迎接远道而来的客人。

老李说，像老班一样，白马人世代与大熊猫和睦相处，亲密无间。从白水江保护区成立到现在，在野外抢救大熊猫15只，包括5只熊猫幼仔，每次都有白马人的身影。在他们眼中，大熊猫是和平的使者、爱情的象征、智慧的体现、吉祥的神兽，因而把它们当作神灵去呵护、敬仰、热爱。

离开县城，逆着白水江，车窗外闪过一座座山，涌入眼帘的依旧是薄薄的绿，渐渐地浓厚起来。踏上碧口，我是一下子跌进了绿海，眼睛、鼻子、嘴巴都忙不过来了。春天包围了我，绿色俘虏了我，古镇感染了我。

跟着碧口保护站的巡护员进山，迎接我们的是春天的浓浓气息和鸟儿们的晨奏曲，景色美得令人窒息，让我这个写作者找不出一个合适的词。我只好一眼一眼使劲地瞅，一鼻一鼻攒劲地吸，一心一心不停地体悟。

穿过一片茂密的竹林，来到一处地势开阔处，我们看到了野猪运动过的痕迹，泥土被拱翻，石头被掀翻，小树被拔倒。坐下休息，吃了干粮，喝了泉水。林间太阴，我们怕感冒，准备起身，却见不远处四只浅黄肤色、撒着蹄子跑路的小野猪。我想走近观察，无意回头一瞥，身躯高大的母野猪张着尺长的大嘴瞪视着。猪妈妈獠牙锋利，鬃毛粗硬，目光阴森。鼻子又长又硬，就像一架铁犁。那身由油泥、松脂、皮毛混合组成的铠甲，是特殊的防御武器，一般的猎枪、铁砂穿透不了。吓得我赶忙闪到一棵大树旁，心想要是它发起攻击，我就上树。好在它没有冲过来，带着儿女们悠然走了。

一片潮湿的竹林里，留下一行类似人的脚印，好像不是朝前走而是在倒退。"山林里处处有危险，这个人胆忒大！"正在我纳闷时，向导神秘地说，那是黑熊留下的，熊掌和人脚很相似。我们听了，面面相觑。

"不要怕，咱们小心点就行了……"向导迈开大步，拨开密实的竹林和缠绕的藤本植物朝山顶攀去。就在接近半山顶的一棵大树时，向导突然嘘了一声，示意我们蹲下别动。顺着他手指的方向，我们看见大树枝桠上蹲伏着一个浓黑的球团。那球团蹲坐在树桠间，被垫在屁股下面的树枝包裹着。要不是向导眼尖，我们是看不见的。

见是只黑熊小仔，我们中间一人激动起来："把它捉回去——我能上树，捉住它不费吹灰之力……"

"危险——"向导极严肃地制止道，"黑熊护仔呢，母熊肯定在附近……"

果然，过了不久，黑熊妈妈就来到树下，警惕地四处张望，朝树上叫唤了几声。黑熊仔仔听见妈妈召唤，乖乖地溜下树，跟在妈妈身后蹦跳着走了。幸亏没有莽撞行事，我们都暗暗后怕。

向导说，本地人把黑熊叫黑子、扒崖子。

亚洲黑熊（邓建新 摄）

黑熊食量大，尤爱吃蜂蜜，能准确找到蜂巢，常因捅了蜂窝被蜇得鼻青脸肿乱抓脑袋，一边狂奔，一边长嚎。这个揭了伤疤忘了痛的家伙，几天后肿一消，又会故伎重演，宁愿挨刺，也要满足口腹之欲。万一被蜇得满脸浮肿，它就在地上滚擦以消肿。让人惊奇的是，黑熊似乎还懂医术，得了风湿病，就找些草药治疗。

黑熊是大力士，一掌能击断手腕粗的树，击毙一头大野猪；又是游泳高手和出色的潜水员，能像人那样站立行走，支起后腿直立；天生一副近视眼，听觉和嗅觉却特别灵敏，能辨别出三百米外人活动的声音。黑熊很聪明，知道人类惹不起，常常在人接近前就躲开了。只要你不招惹，熊瞎子不会主动伤人，受伤的带

亚洲黑熊（杨楠 摄）

仔的才会主动攻击。熊直立的姿势并不意味着进攻，面对面时咆哮或者张牙舞爪，表明准备进攻。这时千万不能慌张逃跑，立刻面朝下卧倒，用手和胳膊护住头颈部装死。

"躲到树上行不？"我随口问道。"不要想着上树，它最擅长的就是爬树。"向导说的随意，可我们还是很恐慌，担心碰上它。

这时听到一群猴子的吵闹声，我们悄无声息地慢慢接近。这是一群藏酋猴，有20来只，它们有的蹲在树上，有的趴在树枝上，有的干脆坐在地上，还有的互相打闹。它们的颜面皮肤肉色或灰黑色，成年雌猴面部皮肤肉红色，成年雄猴两颊及下颏有似络腮胡样的长毛。头顶和颈毛褐色，眉脊有黑色硬毛；背部毛色深褐，靠近尾基黑色，幼体毛色浅褐。不一会儿，大公猴发现了我们，开始警觉起来，小猴子继续旁若无人地玩闹。几分钟后，一阵"嘎、嘎"的尖叫和树枝断裂声传来，猴子们闪挪腾跃，迅速消失于茂密丛林，只留下无风而动的树林。

金丝猴机警胆小，藏酋猴就显得很大胆。后来在去蜂桶寨的路上，我见到几只藏酋猴"守株待兔"，隐在路里边草丛，不时跳到公路上，向路人索取食物。看车停下来，一只大猴子竟然冲到车跟前，朝我们伸出"手"。年轻的司机找了个遍，除了半包茶叶，啥也没有，就后悔得不行，连声说下次一定要带些吃食。他捏出一些茶叶，放在我手心，我慢慢挨近，谁知它怯生，慢慢后退了，最后缩回草丛。我也担心它咬我，就把茶叶放在一块石头上，钻进车看。见我离开了，它大起胆子，欢跳到石头前，用"手"小心地收集，塞进嘴里，轻轻地咀嚼……

稠密的竹林里，由远及近传来一阵嘈杂声，一只黑白球渐渐闪进眼睛。大熊猫来了，我们激动得不敢说话，只是相互打着手势。向导示意大家趴在一块大岩石后面，盯着熊猫走来的方向。熊猫却在那片竹林里享受起来，左拉一枝，右咬一叶，安安静静地铺排着它的开胃午餐。

竹子营养成分少，熊猫食量大，每天要吃几十斤竹子，边吃边排便。吃饱了，懒洋洋地睡觉，躺着睡，仰着睡，侧着睡，蜷成一团睡，尽量降低体能消耗。也就过了半小时，它背贴地上，肚皮朝上睡起来。暖洋洋的阳光，透过树丛照在身上。没多久，它就长长地伸了个懒腰，打了个滚，慢吞吞地走到一棵粗壮的树下，屁股对准树干半倒立起身子，尾巴翘得高高的，肛门贴紧树皮，身体来回前后运动，将肛门周围的分泌物涂抹在树上。然后抬起后腿，像狗一样往树干上撒了泡尿，让自己的气味能持久保留。向导说，熊猫成年后一般都有自己的领地，它们把自己的体味涂抹在领地周围树干上，有时在做标记的树下留上一两团新鲜的粪便，或是咬上几个深深的牙印，警告别的熊猫不要擅自进入。发情期，这种方式成了雌性大熊猫招徕"情郎"的法宝。

如果说大熊猫是国宝，珙桐就是植物中的"大熊猫。"与大熊猫一样，这也是法国神甫戴维的功劳。清同治八年（1869），他在宝兴采到珙桐标本，后来就以他的名字作为其植物分

珙桐（黄耀华 摄）

类学属名的组成部分。据专家考证，珙桐在中国已生活了1000万年，比大熊猫还古老，其天然分布区为我国的西南山地。

色比丹霞朝日，形如合浦筼筜（生长在水边的大竹子）。珙桐的头状花序，由一颗雌花和众多红色雄花组成，初生外观像似小桑葚，大小如珍珠，恰如妇女所戴的红色耳珠。花开时远观珙桐树群，犹如许多白鸽上下扑动双翅，绕树随风起舞。

在文县碧口镇青峪沟，我有幸目睹了珙桐的真容，一下子爱上了它们。山谷幽深，溪水幽静，十余株珙桐静默于常绿落叶阔叶混交林间，撑起巨大的树冠，展开碧翠的绿叶，放出一群群乳白色的"鸽子"。鸽子们招展于枝头，迎着阳光，吻着清风，花瓣薄如蝉翼，清丽脱俗，美轮美奂。花儿没有一丝香甜，好比世间超凡脱俗的女子，不需要涂脂抹粉，却气定神闲，淡然雅致。世间还有什么花，能像珙桐花那样高洁无瑕？

"教授，你一定要去李子坝看看，和任华章交流交流，老任由森林巡护员变身脱贫领路人，身上故事多得很呢……"告别碧口时，我又想起老李的反复叮嘱。

李子坝坐落于甘川交界处，在摩天岭南坡。村外林海里栖息着大熊猫等珍稀动物，生长着珙桐、香樟等珍稀植物，茶叶种植、加工已成为李子坝的特色和主导产业。

几年前，看到一则大熊猫咬伤李子坝村民的消息：也许是闲得心慌，这只熊猫大摇大摆来到李子坝闲逛，引来数百位村民围观，大大自豪了一把。它兴冲冲走到村民家菜地，与菜地主人相遇。这人没见过大熊猫，好奇地愣在那里。它却以为是在故意挡路杀自家威风，遂大怒，咬伤其右脚。

打那时起，我就记住了李子坝。当我踏上这片土地的时候，正是辛丑年4月中旬，这儿的春天热闹极了。

四面环山，树木茂盛，绿荫逼人。蓝天洁净，河溪青碧，花儿飘香，鸟儿鸣唱。房前屋后、田间地头，茶园行行列列，郁郁葱葱。村民们比蜜蜂还忙碌，臂弯里挎个笼子，左手握着茶枝，右手掐着嫩芽。

"任华章在家吗？"随意问一个采茶的姑娘，姑娘抬起漂亮的脸蛋儿，盈盈地回答："任书记上山巡护去了！"

大事记

2016 年

4 月 8 日,中央经济体制和生态文明体制改革专项小组召开专题会议,研究部署在四川、陕西、甘肃三省大熊猫主要栖息地整合设立国家公园。

2017 年

1 月 31 日,中共中央办公厅、国务院办公厅印发《大熊猫国家公园体制试点方案》。

2020 年

6月28日, 国家林业和草原局印发《大熊猫国家公园总体规划(试行)》。

2018 年

10月29日, 大熊猫国家公园管理局挂牌成立。

2018 年

11月, 大熊猫祁连山国家公园甘肃省管理局、大熊猫国家公园四川省管理局、大熊猫国家公园陕西省管理局相继挂牌。

方舟
大熊猫

附录

野生动物 自然植被

大熊猫国家公园跨四川、陕西、甘肃三省，主要保护以大熊猫为代表的生物多样性及亚热带山地和亚高山森林生态系统。该区域纵横岷山、邛崃山、大小相岭和秦岭山系，是我国重要生态安全屏障的关键区域。是全球34个生物多样性热点地区之一，分布着8000多种野生动植物，其中国家一级保护野生动物22种，国家一级保护野生植物5种。

地处岷山、邛崃山和大小相岭山系，在地质构造上处在滇藏地槽区的松潘-甘孜皱褶系和昆仑-秦岭地槽区的秦岭皱褶系的交界带，西北高、东南低，地形呈现山大峰高、河谷深切、高差悬殊等特点，常见相对高差1000米以上的深谷，是全球地形地貌最为复杂地区之一。大部分山体海拔在1500～3000米之间，最高海拔5588米，最低海拔595米。

植被垂直分布明显。随着海拔升高，依次是"典型亚热带常绿落叶林—常绿落叶阔叶混交林—温性针叶林—寒温性针叶林—灌丛和灌草丛—草甸"。

有脊椎动物641种，其中兽类141种、鸟类338种、两栖和爬行类动物77种、鱼类85种。

野生动物　自然植被　地形地貌　基本情况

其中，有国家重点保护野生动物116种，国家一级保护野生动物有大熊猫、川金丝猴、云豹、金钱豹、雪豹、林麝、马麝、羚牛、中华秋沙鸭、玉带海雕、金雕、白尾海雕、白肩雕、胡兀鹫、绿尾虹雉、雉鹑、斑尾榛鸡、黑鹳、东方白鹳、黑颈鹤、朱鹮22种，国家二级保护野生动物94种。

感谢西南山地为本书提供图片

图书在版编目（CIP）数据

方舟：大熊猫/白忠德著.-- 北京：
中国林业出版社，2021.9

ISBN 978-7-5219-1274-6

Ⅰ.①方… Ⅱ.①白… Ⅲ.①大熊猫—国家公园—介
绍—中国 Ⅳ.①S759.992②Q959.838

中国版本图书馆CIP数据核字(2021)第144986号

责任编辑	张衍辉
装帧设计	刘临川
出版发行	中国林业出版社（100009 北京 西城区刘海胡同 7 号）
电　　话	010–83143521
印　　刷	北京博海升彩色印刷有限公司
版　　次	2021 年 9 月第 1 版
印　　次	2021 年 9 月第 1 次
开　　本	787mm×1092mm 1/32
印　　张	6.5
字　　数	63 千字
定　　价	55.00 元